# 掌控情绪

## 遇见更好的自己

草履虫 著

宁波出版社
NINGBO PUBLISHING HOUSE

# 目 录
# CONTENTS

第一章
CHAPTER ONE

## 现状：希望与绝望的纠缠



第二章
CHAPTER TWO

## 坦然：接受自己的不完美

第三章

CHAPTER THREE

## 谅解：一切都是童年的错吗



第四章

CHAPTER FOUR

## 重生：心知道答案

第五章
CHAPTER FIVE

## 和解：与世界温柔相拥



第六章
CHAPTER SIX

## 勇气：重新喜欢这个世界

第一章 | CHAPTER ONE |

# 现状：希望与绝望的纠缠

# 又病懒又焦虑，能改变你的只有你自己

你好，我必须得找一个人来倾诉。我不知道自己是怎么了，昨天我请求一位职业方向型的咨询师帮助我，他很直接地拒绝了我，说自己能力有限，帮不了我。

今天那位咨询师在他的一篇文章里提到我，说我是“身心分离的来询者”。因为我曾哭着跟他讲过我在工作上不断犯错，同事跟我讲过几次的事情我总是记不清楚，平时也不怎么会聊天，总是一副软弱发蒙的样子，以致同事们都回避我，而我经常处于一种焦虑、恐惧的状态中，就像掉进了泥塘，越来越无力，终于到了崩溃的边缘。

从去年 6 月毕业到现在，我已经换了两份工作，虽然内心还是想坚持下去，但另一种“病懒”的声音却给我发出了信号：我只想一个人待在房子里，我不想上班，不想跟同事相处，不想……这种想法一旦产生就按捺不住，在我脑子里不断循环，而且越来越大声。

我想起三四个月前，我刚辞了第二份“清闲”的工作，大部分时间都是待在房间里，躺在床上什么都不做，感受到一种焦灼和沉沦，没有具体的打算，迷茫上瘾。

我又要重来一次吗？要不去做兼职、摆地摊好了，那样就不必跟同事们朝夕相处，工作也简单，容易把握。可是这样一来，就意味着我从毕业到现在都不曾进入到社会的大转轮当中，未来怎么办？

说到未来，我最近老是产生一个想法：我想结婚，找一个人和我一起生活，这样晚上睡觉就不需要因为害怕而开着灯，而且白天还有他可以跟我一起面对生活中遇到的各种问题；要是生活过得不好，我可以埋怨他，还能冲他发发脾气；要是他嫌弃我了，我可以马上低头认错。看着前面长长的路，我真的不想一个人走。我那么笨，也没一技之长，整天陷入来自原生家庭的伤心、愤怒的记忆中。

我在今年上半年决定去做心理咨询，想去清除掉那些一直挥之不去的记忆，想感受爱和表达爱。最近来自工作的压力特别大，还跟父母吵了一次，如今已经两个多月没好好和他们说过一句话了，眼泪也经常不知不觉地流出来。我告诉我的咨询师，我快撑不住了。我喋喋不休地发了几条信息过去，那一句“我想辞职，但我很害怕”却没有讲出来。在咨询师的眼里，我算是无病呻吟吗？我不知道。

我感觉被关掉的倾诉的窗户后面，有一堵冷冷的墙。

我现在已经辞掉工作，从公司宿舍搬了出来。走在马路上的时候，我觉得很恐惧，因为我没有一技之长，又内向又怕生，卡里只剩一千多块钱，这一切都让我极度没有安全感。

我的精神状态也不好，很容易涣散和神游。我觉得自己浑身都是病。

见信好。

坦白说，写这封回信并不轻松。之所以不轻松，是因为我担心我的回信帮不了你。你对我，对你的职业咨询师，都抱了太大的期望。

事实上，我们无法做到你期望的那些。我更希望你把我们当作可以信赖的朋友，对于你的困惑和欢喜，我们会认真倾听。有的时候，或许也能给你建议，但那也只是基于我们立场的建议。

我们能做的，其实基本上也只是这两点：倾听、理解。我们尽量不对你评头论足，避免让你担惊受怕，甚至避免想要改变你的想法。当然，我们也并不具备改变你的能力。

但是，如果你想要改变怎么办？

对不起，这真不是我们能做的。

因为能够帮到你的，只有你自己。被生活击败之后，只有坚持向前的决心和勇气才能帮你走出困境，然后一点一点不厌其烦地继续努力。

生而为人，从来就不是一件轻松的事情，而在这俗世之中，想必没有人能走得轻松自如。这也是我在阅读读者来信并回复的过程中所明白的东西。或许我早就隐约发现了这一点，只是在这样一次次看信并回信的过程中，逐渐清晰了自己的看法。

既然人生本不轻松，我们还是聊一点轻松温暖的话题吧，比如动漫。

不知道你喜欢不喜欢看动漫，反正我是喜欢的。而且和许多人一样，我也喜欢宫崎骏，喜欢他的《龙猫》《天空之城》《悬崖上的金鱼姬》《哈尔的移动城堡》和《借东西的小人》（这个好像不能算他的，但我仍然喜欢）……当然，最喜欢的，还是大龙猫。

有的时候我也会感叹：这个世界上居然有人能创作出这么温暖而奇妙的东西！

写这些的时候，电脑旁边正好放着一只学生前天送的龙猫储蓄罐。

“中午的自习课，给孩子们放《龙猫》。

“自习课只有 40 分钟，本来还担心只看前半部分，小孩子会觉得无聊。没想到，他们一个个笑得那么开心。特别是上次提到的那个智力发育迟滞的小孩，笑的声音最大。

“当时我想，他以后的人生可能要比其他人开心些吧！”

上面的句子，出自我四年前所写的一篇日志。那个时候，我教六年级，班级里有一个笨小孩（智力差不多是阿甘的水准），看了宫崎骏的《龙猫》之后，经常会莫名其妙地大喊一声：“大龙猫！”然后，突然就跑起来了。

那是我最喜欢的动漫。每教一届学生，我都会放给他们看。

有的时候，看着画报上的宫崎骏老爷子白发白须的模样，我总是想，如果能拥有像他那样的人生就好了：才华横溢，做着自己喜欢的事情，又能温暖他人，还能得到天下人的认可。

后来，我看了日本放送协会（NHK）的纪录片《创作〈起风了〉的一千个日夜》，一下子改变了自己当初的看法。与我想象的不同，在那部纪录片里，年过七十的宫崎骏老爷子经常为自己所做的事情头疼不已。屏幕上的他，嘴里一边不住地叫嚷着麻烦，一边却又感叹：“重要的事情，都是麻烦的！”

那个时候我才明白，宫崎骏之所以能有那么大的成就，那么有才华，温暖那么多人，并不是老天对他有偏爱，而是因为他在纪录片里毫不保留地展现出的人生态度：竭尽全力地生活。

是啊，不是努力，不是力所能及，不是尽力而为，而是竭尽全力。

“竭尽全力”——你可知道这个词所蕴含的意义？

如果你看过那部纪录片，你大概知道宫崎骏的“竭尽全力”是怎样的一种竭尽全力。

或许你会说："我并不想成为宫崎骏，我没他那么有才华，对感动他人、温暖他人也没什么兴趣，我只想拥有普通的人生：结婚，找一个人和我一起生活。这样我晚上睡觉就不需要因为害怕而开着灯，而且白天还有他跟我一起面对生活中遇到的各种难题，要是生活过得不好，我可以埋怨他，我甚至还能冲他发发脾气，要是他嫌弃我了，我就马上低头认错……"

当然，这么想也不是不可以。但我总认为，将自身的梦想寄托在他人身上，是不靠谱且不理智的做法。即便那样的梦想实现了，你也终将会成为他人的附庸。从此之后，你的所有都将取决于他人，他可以让你笑，也可以让你哭；他可以给你暂时的安全感，也可以剥夺你的独立、你的思想，甚至你的自我。那样的话，总有一天，你会变成一个怨妇。

作为语文老师，我太知道"怨妇"这个词意味着什么。整个封建社会的女性文学作品，无处不充斥着她们的哀愁幽怨，没有例外——就连才华震惊了天下人的李清照都是如此。

回顾漫长的封建社会，几乎所有的女性都是男性的附庸。

而且，我从未见过活得幸福的附庸者，在书中都不曾见过。

现代女性之所以获得了传统女性所没有的权利，正是因为她们的独立。所以，在有更好的机会出现之前，千万别再动不动就辞去工作了，那可是你独立的根本啊！

去找工作吧（我甚至建议你去找那种劳累的工作，或者打两份工）！去努力，去勇敢面对现实的一次次挫败，然后擦干眼泪努力向前冲！成熟的人是不会动不动就泪流满面的。

现在的你，才二十四岁，青春大好，未来有无限可能。只要你抛弃那些不切实际的幻想（简单地念一遍就“麻烦问题全消散”的七字真言啦，别人几句开导就豁然开朗的咨询啦，甚至可以依赖一生的男人啦，等等），然后竭尽全力地生活，你一定可以让内心的自我成长起来。

千万别再将摆脱现状的希望，寄托到其他人身上。

这个世界上，从来就没有什么救世主，只有你才是自己的主人。

竭尽全力，去发现和释放自己的力量吧。

除此之外，我真不知道还有其他什么办法。

回看了一遍，回信中还是没能避免想要改变你的想法。大概是真的希望能帮到你，虽然我知道改变很难。

## 曾经的我，也想过一了百了

你好，我的问题很简单，丈夫出轨了，孩子出生才四个月。我知道，这是所有男人都可能会犯的错误，屡见不鲜。可是当这种事发生在我自己身上，而且是以视频的方式被我发现时，我开始怀疑眼前这个模范丈夫，甚至怀疑自己的眼睛和精神是否出了问题，但这一切都是真的。我应该直面的是人性的丑陋和承诺的虚假。

听完他的一番狡辩，我也希望我的判断是错的，但当我坚定自己的看法和态度时，他马上改变策略，不停哭闹，祈求我的原谅。孩子那么小，经不起折腾，我不希望给孩子一个晦暗的未来，最终我同意原谅他。毕竟，我和他相识十年。是啊，十年，就像我仅凭鞋子就能判断视频里的人是他。我自以为是了解他的，我们彼此是坦诚的，现在看来，一切只是我的一厢情愿！

事情在他哭着要自残的第三天结束了。第三天，他马上一如往常风风光光地去上班，依旧是别人眼中耐心温和的好员工、好丈夫、好爸爸。只留我一个人瞠目结舌地站在原地，内心有着永远不能愈合的伤口，以及那不能再填补的信任。

我不是没有提出过离婚，我恰恰是希望离婚的。为了他，我放弃了北京蒸蒸日上的事业，放弃了自己的梦想，孤身一人来到他的城市，这个离我的家乡两千公里远的地方。我的家境很不错，可为了他，我甘愿陪他住城中村，小心翼翼地保护着他的自尊心，直到最后爸爸看不下去给我们买了房结婚。为了省钱，我没有要求他买戒指，我们也没有举办婚礼。这一份物质天平偏颇的感情，至少应在感恩与理解中缓缓行进，不是吗？难道恰恰因此，让他负重难行？

我不想把自己说得太可怜，因为我不想把问题的重点本末倒置。我的问题是，我选择原谅以后呢？

只有两人时，我会轻易地被他激怒，而愤怒中的我展现出前所未有的可怕一面：歇斯底里地怒吼、喊叫，甚至丢东西、砸东西。他越是用沉默和忽视来应对我，我越是因为他逃避沟通的态度变得更加疯狂。有一次，我真想站在窗边抱着孩子跳下去，事后我为自己的这个想法感到深深的愧疚和自责。但用什么方式才能唤来他对我的回应和关注？

我很关注您写的关于原生家庭的文章。母亲早逝，继母对我的精神虐待让我成长的路格外曲折。因为您的文章，我选择了原谅父亲。两千公里外的他来看我，眼里全是泪花，我不忍心告诉他，其实我的婚姻并不幸福。爸爸抱着宝宝，流着眼泪告诉我一定要珍惜婚姻。

我也想过，可能是因为自己为这段婚姻付出太多了，所以我心有不甘，希望他哪怕用物质来弥补我也好。我们也尝试过沟通，可他却说自己没有钱。是啊，我一直是经济实用型的女人，约会他都没有带我去过大饭店，就算去了，我也会帮他打圆场说太贵。我好怕他在外面养着另外一个家。

最困扰我的，还是我随着愤怒而不受控制的行为方式。我想问您：我该如何赶走这个心魔，如果我铁了心想要维系这段婚姻，那么我该如何不轻易被激怒，如何不做一个亲手葬送孩子未来的母亲？在孩子和他人面前，我会跟老公一起演戏、秀恩爱，可没人的时候，我只觉得非常痛苦和无助。我对婚姻和生活都非常绝望，尤其是面对孩子的时候，我觉得很愧疚，甚至自责。我怕我会做傻事，请您帮帮我！

收到你来信的时候，正值清明假期。清明是一个令人感伤的时节，即便没有阴雨纷纷，即便远在上海的我并没回老家去祭奠逝去的亲人，即便门前那棵不知名的枯树已长出新叶，而住所附近的各色春花，也都相继开放。

但四月，依然令人感伤。

艾略特说：“四月是最残忍的季节。”我并不知道他为什么这么讲。但从那以后，每当看到四月怒放的樱花和海棠的时候，我都会想起他的那句话来。

是啊，四月是个残忍的季节。

就在收到你来信的那一天，有朋友给我推荐了中岛美嘉演唱的《曾经我也想过一了百了》。

曾经我也想过一了百了
是因为被冷言冷语所伤
为了想要被爱而哭泣
是因为了解人的温暖
曾经我也想过一了百了
是因为你灿烂的微笑
整个脑中只想着一了百了
一定是对于活着这件事太过认真了
曾经我也想过一了百了
是因为还没遇见到你

像你这样的人存在这世界上

让我稍微对于这世界感到喜欢

像你这样的人存在这世界上

让我稍微对这世界有了期待

视频截取的是中岛美嘉演唱会上的一场表演，唱歌的时候，她一度跪倒在台上，声音颤抖，呐喊着“曾经的我，也想过一了百了”。

然后久违的，我有了被什么东西击中的感觉。

听着她的演唱，看着屏幕上的歌词，我忽然想，到底是有着怎样的经历和感受的作者，才能写出这样的歌词和曲子。

后来我知道，他叫秋田弘。

漫漫长夜中，我想了很多。想起那些遥远的记忆和最近的失落，想起当初的那些挣扎和最近的迷茫，想起那些当年无法面对却一直与我纠缠的东西，以至于我现在一直试着面对，却总是难以改变。

还有，我还想起了你的来信，想起你来信中对我的肯定和信任，甚至情感上的认可。我想起你来信中诉说的那些经历和你的那句：我怕我会做傻事，请您帮帮我。

虽然你也知道，我大概帮不了你。真正能帮到你的，还是你自己。

最近一段时间以来，在周围一阵阵汹涌的洪流中，我也无从避免地开始在乎一些其他的东西，比如数字、数字背后的意义、这些年表面看来被我浪费掉的时间，以及已经失去的其他的一些东西。甚至有的时候，我开始怀疑很多东西本身的价值和意义。

你的来信，让我回头翻看了以前的一些文章。回头看自己写的文章，是一件微妙的事情。看的时候，我忽然发现，在我最近的回复中，似乎再也难以看到当时那样的文字。

虽然写完那篇文章后，有一位读者反复发来消息质疑，甚至还无端攻击了我。

我记得那一次，当时我正在超市收银处排队刷微信，然后我看到了她发来的后台消息。于是，很快地，我感到有什么东西直冲喉头，呼吸也急促起来。

当时我不明白的是，即便你不赞同我的劝慰和帮助，即便你对我的帮助不表示感谢，也不至于攻击我吧。

这让我开始怀疑自己所做的事情的意义，怀疑所谓的帮助他人的意义。这意义与我让学生在随笔中展现真实自我并与他们交流不一样，面对学生是我工作的一部分，我因为那些工作而获得报酬，并赖以生存。更何况，我也因此收获了大量来自学生的认可，收获了不用发火、不用强迫就能轻松控班的能力，因为几乎每一次走进教室我都能看到一双又一双充满期待的眼睛。

正是那些情感上的信任，让我的工作变得简单，让我许多时候都能体会到作为一个老师的愉悦甚至快乐。

而这些，是当初我来到这所学校的时候很少感受到的。

正是你的来信，让我有了一些其他的思考。攻击我的那位读者之所以生气，是因为我的文章直击了她的依赖和不努力。也正是你的来信让我明白，我的回复并不总是引来不屑和愤怒，毕竟它也曾帮助到人。其实很多时候，我并不以为那是帮助，而是某种情感上的交流，因为在某些人看来，它还有那么多的意义。

“像你这样的人存在这世界上，让我稍微对于这世界感到喜欢。”

秋田弘的词，也实在太悲哀了些。如词所言，这个世界温暖实在太少，而阴冷与灰暗太多。

就如同当下的你所遭遇的那些阴冷与灰暗一样。

是啊，真的希望这个世界能像童话一样：所有的开头，都是“很久很久以前……”；所有的结局，都是“从此之后，他们过上了幸福美满的生活……”；所有的付出，到后来都会收获对等的回报；所有的公主，最后都能嫁给她所爱的王子……

但是，现实却总是与童话背道而驰。慢慢长大的我们，到后来总是会发现，在这个现实世界里，没有任何属于童话的空间。到目前为止，我没见过一对从此之后就过上美满生活的夫妻；在那些“很久很久以前”的童话故事里，我也从未见过一位嫁给所爱的王子并幸福一生的公主。

在现实世界里，几乎所有结合的夫妻，都会遭遇各种各样的问题：误会、不被理解、热情退去、交流变少，甚至出轨、劳燕分飞。

我们每一个人，都希望被这个世界温柔以待，但世界却从来都不知道什么叫温柔。

是啊，了解现实的阴冷，面对现实的灰暗，实在是一件太痛苦的事情。而伴随着美好童话长大的我们，有的时候，真的会有“一了百了”的想法，难免会想：这样的我，是否已经人间失格？

“整个脑中只想着一了百了，一定是对于‘活着’这件事太过认真了。”

是啊，或许只是因为我们对“活着”这件事太过认真了。

据说那首歌火了之后，也曾招致不少人的误解，他们认为歌词太致郁、太悲伤，并不适宜传播。正是因为这个，秋田弘说：“为了描写浓烈的希望，就必须先描写深层的黑暗，人生亦是如此。希望听到最后的你，能积极地活着。”

我非常赞同秋田弘的这段话。是啊，为了描写浓烈的希望，就必须先描写深层的黑暗。所有现实的希望，都是对现实深层的黑暗有相当的了解之后的发掘。

就如同罗曼·罗兰的那句话：“世上只有一种英雄主义，就是发现了生活的真相，依然热爱生活。”

至于你当下所面临的灰暗，我就不给你任何建议了。回信能做到的，只能给你传达上面所写的那些或明或暗的文字，希望你能明白：这个世界上有许多人，都经历过诸如你经历的那般灰暗。

然后，听着中岛美嘉的《曾经我也想过一了百了》痛哭一场。

再然后，继续勇敢前行！

其实写到这里，已经不再是我帮你，作为回信者，反而在你的来信中感受到了温柔和帮助。正是因为你的来信，让我梳理了我最近的一些想法和感触，让我能够在这个残忍的四月的下午，听着中岛美嘉《曾经我也想过一了百了》给你回信，然后在这些慢慢消逝的日子里，再次感受到内心的汹涌澎湃。

谢谢你！

“像你这样的人存在这世界上，让我稍微对于这世界感到喜欢。”

这句话献给你，也献给一路走来曾经给过我温暖的那些人。

# 看清了生活的真相，依然热爱生活

同桌G，优点很多，属于活泼开朗对人很好成绩也不错的女汉子类型，加上长得也不错，男生女生都挺喜欢她的。缺点也有，比如从来不读书。

同桌做久了难免有摩擦，不过大多数时候我俩关系都挺好的，比如一起在语文课偷偷讲话，然后笑到不能自已。表面上大家都觉得我俩性格蛮像，都挺大大咧咧的，实际上我心里会特别别扭，想得比较多。

现在刚上高三，我的成绩开始下滑，而她的成绩却变得越来越好（并没有刻意努力过），于是我越来越焦躁，不愿再和她一起出去玩。每次我在座位上写作业的时候，她就会说："写什么作业啊，还不如出去玩！”我当然不会就这样听了她的话……

可是每一次考试，她的成绩就像是对我的嘲笑和讽刺。大家都在说：“哇，G从来不学习，结果人家也考这么好！”有一次，就连我妈开完家长会回来都说：“以前你成绩比G好，但现在看看人家G，不知道比你高了多少分了！”对这种“别人家的小孩”，我一向是充满鄙夷的，但没想到有一天我妈也会说出这样的话。即使我自己也偷偷和G比过，但这句话从我妈口中说出让我更无法接受了。

我开始更加努力，课间十分钟也要做两道题，晚上直接不去吃饭，就在教室里写作业。我也知道，高三的时候应该想怎么努力就怎么努力，不要太在意别人的眼光。可当别人用嘲弄的语气对我说“你连饭都不吃就为了多写几道题”时，我这才明白我还是无法不在意别人的眼光。

因为G的人缘很好，总有人来座位这边找她玩。我周围总是很多人，他们一起大声说话、大声笑，我在一边写作业既静不下心，也显得跟他们格格不入。

我的这些负面情绪越来越多，渐渐地，也没有人愿意和我一起玩了，而G却交了更多朋友，人缘也越来越好。看她整天嘻嘻哈哈的，我突然觉得自己好无助，逐渐丧失了努力的动力。

尤其是在高三，我特别想努力地拼一把，可是我该怎样做到不在意别人，而全心全意地努力呢？

见信好。

首先得告诉你，在这个世界上，没有人能做到完全不在意别人，也不存在毫不自我怀疑的全身心的努力。

而且，你难道不觉得以上两点存在矛盾吗？你之所以想着全心全意地努力，正是因为你非常在意他人的看法：你希望在妈妈眼中，你是一个比 G 优秀的小孩；你希望在同学心里，你比 G 更受欢迎。

表面上，你鄙夷这种“别人家的小孩”，但实际上，即便你妈不说出口，你在心里也一直在将自己和 G 做比较。而特别让你愤怒的是，G 即便不读书，成绩也比你好，喜欢她的人也比喜欢你的人多。

不得不说，这是一件让人相当挫败的事情：我刻苦努力，课间十分钟都要做两道题，晚上饭都不吃，只是为了在教室里写作业，而你从来不读书，上课讲话不说，还笑到不能自已……但到头来，你还是各方面都比我强。

什么“天道酬勤”？什么“业精于勤荒于嬉”？都是狗屁，老天真不公平！

我想，你肯定有过以上的想法，对不对？甚至愤怒，甚至嫉妒，甚至无助和沮丧。

如果你真的有过那样的想法，那么我告诉你，这是正常的。因为每一个努力的人，都有过与你类似的经历，每一个努力的人，都曾经因那些经历而感到不平，甚至愤怒、嫉妒和无助。

因为无论你怎样努力，你都没办法强过所有人。这个世界上总有一些人在某些方面比你优秀，而且你再努力都追不上。很令人沮丧，对不对？这就是现实。

大概正因为此，伊丽莎白·斯特劳特说："这个世界让我挫败。"

大概正因为此，寺内寿太郎和太宰治说："生而为人，我很抱歉。"

大概也正因为此，王小波说："生活就是个缓慢受锤的过程，人一天天老下去，奢望也一天天消失，最后变得像挨了锤的牛一样。"

你看，他们都是那么聪明睿智的人，却仍然不能免于在这个世界面前表现出挫败和沮丧。

但同时，伊丽莎白·斯特劳特在那句"这个世界让我挫败"之后，还加了一句："但我还不想离开。"

罗曼·罗兰也说："世上只有一种英雄主义，就是看清了生活的真相，依然热爱生活。"

我想，每个在成长过程中经历了竭尽全力的努力但挫败的人，都会保持这样一种心态：开始接受老天的不公，接受他人在某些方面比自己优秀，然后在这样的前提下，继续保持努力前行的动力。

这是对的。人们来到这个世界，本来就千差万别，追求无差异的公平，只会抹杀这个世界的丰富多彩。

人们只应该为自己能掌控的东西负责。如果你真的竭尽了全力，

G 还是比你优秀，还是比你讨人喜欢，那么，请接受她在这些方面比你优秀的事实。而且要相信，自己身上总有一些她没有的东西，总有一些她内心里羡慕的东西。

说不定就在此时此刻，她也在为她身上没有的东西而懊恼，甚至沮丧。

对了，今天上午还发生了一件有意思的事情。就在我准备给你回信之前，坐在我对面的沈老师问我："今年的马拉松，你帮我报个名吧，那样，中签的机会大一些。"

我是一个慢跑爱好者，也曾参加过几次上海的马拉松，但最近两年，我却开始不满起来，因为报名参加比赛实在是一件很艰难的事情，每一次都需要抢，才可能获得参加的机会。上一次报名点击进去，网页上显示我的排位居然在一百多万之后。

我在想，长跑什么时候变得如此受人欢迎？

不过，这到底是一件令人欣喜的事情。越来越多的人终于体会到了慢跑的意义和乐趣。

是的，马拉松长跑，也是有乐趣的。

而且，我想绝大多数的参赛者其实心里都清楚：你没可能成为最好的那一个，总会有人跑在你的前面；哪怕你竭尽全力，你也可能被一个个年龄比你大、身材比你臃肿的人超过；当你挥汗如雨、气喘吁吁的时候，身旁总有人迈着轻快的步伐大步向前。

但没人会因为这个就停止奔跑的步伐，因为几乎每个参赛者都清楚：我的每一次跨步，都在向前，都是一次自我的超越。

福克纳曾说过："别自寻烦恼地只想比你同时代的人或是先辈们出色，试着比你自己更出色吧。"

我深以为然，我想这也应该是每个跑者都明白的道理。

是啊，在这个世界上没有人能做到不在意别人，也不存在毫不自我怀疑的全身心的努力。如果你想通了这一点，你一定会明白：在意他人并没什么不对，努力中会出现自我怀疑也非常正常，但请你一定要在一次次的自我怀疑中继续努力；一定要在一次次感受到挫败后，仍然坚定地不离开；一定要在一次次受挫之后，仍能站起来，迎接下一次的锤炼……

这，就是当下的"英雄主义"。

# 不做决定，才是最糟糕的决定

我是一个准大四的女生，学习挺不错的。我曾经参加过一些比赛，拿过奖，业余时间喜欢阅读，喜欢跑步，喜欢接触新事物……不过，我觉得这都是以前的我了。

今年3月份的时候，我和认识的一位师兄见了面，他建议我去工作，而我原来一直是打算考研的。之后我就一直在纠结是去工作还是考研，后来想着先把书看起来，不考也没事，多学习总是好的（其实还是想考研）……

我开始失眠、紧张，担心自己记忆力下降、注意力不集中，恨不得每一秒都在看书，害怕自己挂科拿不到毕业证。在这种状态下，我想自己根本考不上研究生，于是投简历找了实习工作。

期末考试结束后，我回到家，想了想还是得考研，实习可以不去。于是我又开始着手准备考研的事，但是心里面很害怕，我怕自己学不会那些东西，尤其是数学。一直以来，我觉得自己要比别人花更多时间才能做好事情，别人从3月份才开始准备，效率却比我还高。在学校的时候，我去过心理咨询中心，可老师却说我本质上并不想改掉自身的毛病。

这学期我一直都在害怕各种事情，甚至有过不念书了去过田园生活的想法。回家的前几天我还一直在看书，最近几天却散漫下来了，整天想睡觉；睡觉的时候又一直担心不看书不行，然后马上跳起来去看书。这样下来学习效率特别低，干干这个干干那个的，一天又过去了……

你的来信让我想起了很久以前看过的一部美剧，美国家庭影院频道（HBO）的《兄弟连》。

我记得是在第六集，E连在比利时的巴斯托尼市阻碍德军之后，筋疲力尽的他们，必须从敌军手中攻下小镇佛伊。

当时温特斯连长已升职上尉，新来的戴克中尉带领E连打响了攻坚战。一开始，戴克中尉指挥大家冲锋，但在受到德军的抵抗后，突然改命令后退。于是，战场上的E连被防守的德军压制在一块几乎没有掩护的空地上，进退不得。

德军火力凶猛，兄弟连里的兄弟一个个倒下了。

“戴克，我们不能留在这里……”

“长官，我们这是坐以待毙，我们需要继续前进……”

周围的士官不停给予建议，而躲在草垛后的戴克中尉却突然如同脑子断线一般，拒绝做出进一步的决定。

危急关头，温特斯上尉打来电话，问戴克中尉的作战计划，戴克中尉茫然大喊：“我不知道，我不知道，我不知道……”

就在这样的过程中，兄弟连的士兵一个个被射杀……

我非常喜欢《兄弟连》，也非常喜欢里面刻画的人物。E连里的兄弟，每一个人的性格都独特而鲜明，所以看着他们一个个死去，觉得分外难受。

而究其原因，则是戴克中尉的那句“我不知道”。

后来的许多时候，我都会想起那个场景，特别是需要我做出艰难选择的时候。因为正是那样的场景让我深刻地认识到一点：不做决定的后果，可能比做错误决定的后果更可怕。当时的E连无论是继续进攻还是撤退后重来，都不可能有那么大的损失。

我想，目前的你，也走到了必须做出抉择的分岔路口。大学将尽，毕业即将来临，到底是考研还是直接找工作，这是摆在你面前回避不了的问题。虽然选择的结果不会如《兄弟连》里一般对整个连队，乃至一场局部战争都起到举足轻重的作用，但对于你个人的未来，肯定会造成很大的影响。

影响那么重大，该如何是好呢？考研有考研的好处，还是考研吧！可有经验的师兄却觉得找工作更好，那先去找工作吧！要不还是考研吧……如此这般，考研、工作，考研、工作……

此时的你，大概就如同战场上的戴克中尉一般，眼见部下一个个被射杀，却无法下一个决定，因为每一个决定都意味着责任，而责任总是沉重的。进攻有进攻的责任，要是死了更多的兄弟怎么办，要是全军覆没怎么办？撤退又有撤退的责任，要是因此而造成战局的转变怎么办？

于是，懦弱的他，没办法承受选择的责任，只能不停地大喊："我不知道，我不知道，我不知道……"

但他却不知道，他对决定和责任的回避，反而造成了 E 连更大的损失。

的确，每一个决定都意味着责任。但同时，做出选择和决定，也意味着各种可能，意味着对未来的希望。我们不应该被失败的可能吓到而忽视成功的可能，从而举步不前。时间在一分一秒中流逝，你终将面对考研或是就业的选择，早下决定，便多一份成功的可能。

从这个意义上来讲，所谓的"做正确的决定"，永远只是一句马后炮的废话。没有人在事先就知道，眼下的决定是正确的还是错误的。

但是，不做决定的后果，却比做错误决定的后果更可怕。

所以，勇敢向前，无论是考研还是就业，先下决定再说。

不过，看到这句话，估计你又开始纠结了吧，到底是该考研还是就业呢？

坦白说，这个我可帮不了你。人生是你的人生，未来是你的未来，哪怕是父母，哪怕是恋人，也不能左右你的未来。而且，能否为自己的未来承担做决定的责任，是检验一个人是否真的成长的重要标志。

如果实在不知道如何选择的话，那么就遵循你的内心吧。这种做法，比“做正确的决定”这种正确的废话，要靠谱得多。

当然，还有一种可能：读到这里，你还是不知道该怎么办。那么，我只能建议你以一个旁观者的角度，去看你的来信。你的答案，就在你的来信当中。

而且我想，你之所以会写这封来信，或许只是找一个人来帮你承担选择的责任而已。

第二章 | CHAPTER TWO |

# 坦然：接受自己的不完美

# 过不羡慕他人的人生

我今年16岁，在一所市重点读高一。在学校里，我不算是一个特别活跃的人，看到各种社团里的大牛，会觉得自己很差劲。加上自己性格内向，和别人交流的时候不太放得开，容易脸红，常常感觉自己在别人面前是一个无聊的人。总之，我和别人待在一起的时候会各种担心。以前以为自己有的那些优势，都在慢慢淡化，现在觉得自己一无是处。

下面要讲一些我的故事。父母离异，后妈带着她的女儿来到我家。在我这几年的成长阶段中，后妈一直说我胖，有时候甚至会说我丑。虽然我不胖，但她说的那些话依然会让我感到自卑。在小学里，一、二年级的班长会欺负我，因为我不听她们的话，她们就让全班女生孤立我，导致我现在有一些社交恐惧。后来上了初中，我本来打算改变自己，因为我一直想要变得开朗一些，就像那句话说的“Fake it till you make it”（一直假装直到你真正做到）。于是我装得很开朗的样子，也在一段时间内骗过大家、骗过自己，但没骗过班主任。有一次在班里一个特定的场合，她说到班里内向的人，提到了我。虽然她没有恶意，但从那时候开始，我就没心思再装下去了。而且当时我和同学也发生了一些矛盾，后来就更不敢张扬了。在我的内心深处，我一直都不喜欢内向的自己。其实我是个很有趣的人，有很多美好的东西可以和别人分享。

和爸爸或者妈妈在一起的时候，我能感觉到自己的放松和自信，那时候的状态和平时在学校里很不一样。或许有些自然美好的东西只有在放下防备的时候才能展现出来，所以在学校里，别人对我的印象其实和真正的我有很大差别，我有时候会因为这件事不开心。我渴望改变，但不知道该怎样去做。

我知道自己想成为的样子，也有自己的梦想。我想去和人交流，去很多地方看不同的风景，写想写的文字，去舞台上弹吉他、唱自己写的歌……我不想要平凡安稳的一生，不想要大部分人眼中的成功。我想去爱家人和朋友，珍惜他们，帮助周围的人，并在这个世界留下自己的痕迹。我想过能让自己铭记的一生。我想发光，而不是被众人裹挟着前行，以致忘记自己的梦想。

这种想法从初三开始就一直在我脑子里徘徊。我很想休学一年去做这些事情，去做一些改变，成为自己想成为的人，一个更好的人。现在的自己不是我想要的自己，可能是因为我在学校成绩普通，各方面也都没有什么突出表现，所以才会梦想着去做那些事情，才会想要通过休学的办法去逃避现实。但我认为，正是因为自己太想遵从内心的声音，而现在所做的又不是自己感兴趣的事情，所以才会导致我现在表现得一般。我觉得如果在休学的一年里更多地去探索自己，可能我会找到在学校学习的意义，那么回来的时候，也许自己会更有动力去学习。当然，休学也有很多弊端，我就不说了。

这些话我和父母都说过，但他们并不是真的理解。其实我只是想先躲起来，悄悄地把自己变好，然后再让大家看到那个更好的我。我知道自己还没有做到最好，但我想去做，很想很想。就像我之前讲的自己的故事，我发现环境和周围的人真的对我产生了很大的影响，我想走出那个环境一段时间，成为自己想成为的人。

啊，说得好乱，还有很多地方没有说清楚甚至没有提到，但是先写这些吧，希望能得到回信。

很高兴收到你的来信，看了你写的内容，正如你所说，真的非常真诚。既然如此，我也想坦诚地跟你说说我的感受。

多年以前，我曾经到云南边境的某小城支教过一段时间，那里许多小孩的故事，至今令我难忘。

在我教的班级里，有个叫卢小福的小个子男生，他坐在第一排。我关注到他的时候，他总是斜斜地趴在桌上。我以为他只是上课不认真，后来才知道，他的左眼已接近失明，右眼的视力不超过 0.3。只有斜着眼睛靠近课本，他才能看清上面的字迹。他的班主任苟永生老师告诉我，卢小福的哥哥也有过类似的情况，现在已经完全失明。

但卢小福却是班级里成绩最好的孩子。

还有一个女生，黑黑瘦瘦的，她在随笔中告诉我，有次她被爸爸打得厉害，就跑到橡胶地里待着，最后淋了一整夜的雨。

还有个男生，我同样忘记了他的名字，他在随笔中告诉我，他前段时间一直在犹豫：一天该吃两顿饭还是三顿饭，要是吃三顿，顿顿都吃不饱；吃两顿呢，早上又会好饿。最后，他还是决定吃两顿。

……

那些都是好几年前的事情。现在的他们，想必都已长大成人，不知道他们现在过着一种怎样的生活。

但是，无论现在的他们过着怎样的一种生活，我想他们大概都不能理解那些发生在你身上的痛苦。若是中学时代的他们得知这个世界有你这样的人，想必会羡慕不已：视力正常，能吃饱饭，不曾承受过出格的家庭暴力，不曾在橡胶地淋一整夜的雨，而且在市重点读书，性格又让大家喜欢，甚至有趣、有梦想，还会弹吉他，会自己写歌，即便不怎么努力成绩也能很好……你能如此自如地在邮件中表达自己的感受，想必平时写作文也很棒吧，而他们的随笔，我读起来都很拗口……

这么写下去，有那么一瞬间，我都很希望自己能变成你，让我的高中再来一次。

看到这里，想必你会认为，我不能感受你的那种痛苦。

坦白说，我不能，至少不能如你的感受那般深刻。我总以为，他人的痛苦，我们很难真正感同身受。就好像我教过的那些云南小孩不能理解你的痛苦一样，想必你也不能理解你所羡慕的那些社团大牛、那些外向的人的痛苦。

对的，那些社团大牛也好，那些外向的人也好，他们也有痛苦。

几年前，我和坐在办公桌对面的同事聊天，不知怎么就聊到了大学生活，聊到了当时的空虚无聊。“我当时都想……”他一边笑着说，一边用手指在桌上做了一个奔跑跳跃而下的动作。我当时相当吃惊，因为作为旁观者看来，他的成长可谓一帆风顺。

从旁观者的角度看，那些外向的人、那些社团大牛们的中学生活，是那么的阳光明媚、色彩缤纷。但若是走进他们真实的生活，了解了真实的他们，大概你也会发现，他们同样深陷各种各样的问题与麻烦。在周围那些家伙优秀与自信的外表下，说不定也隐藏着自卑与不安，隐藏着对他人，甚至对你的各种羡慕。

有的时候我甚至虚妄地觉得，上帝是不是将每个人的幸福和痛苦，都设定了一个恒定值？无论你身在何处，无论你处于何种境地，痛苦千差万别，幸福各种各样，但总量并无大的不同。

其实，我很清楚你的那种感受。时至今日，我仍能感受到中学时代所留在我身上的那些东西——并不仅仅是伤痕和痛苦。我从来没觉得你的痛苦不值一提，甚至丝毫不觉得你的痛苦就比云南的那些小孩来得程度低。我认为，与云南的那些小孩相比，你是另一种痛苦，两者只是原因不同，并不存在高下之分。

啰唆半天，我其实是想说，你并不孤单，有许多人和你一样，也承受着各种各样的痛苦——来自贫穷，来自暴力，来自歧视，来自愚昧，来自敏感，甚至来自其他不好言说的种种。

青春期本就困难重重，无论贫富，无论是否读市重点，无论会不会弹吉他和写歌，无论你在他人眼里是否一帆风顺，无论你的家人是否给予你足够的关爱。所以，不必羡慕那些社团的大牛，也不必羡慕那些外向的人。想发光有梦想并没有问题，但你想发出的，一定是属于你自己的光芒，你想实现的，一定是属于你自己的梦想。不必在大家面前隐藏自我，更不必装作开朗，如果内向的你都能让大家喜欢，何苦还要做出另外一番模样？

“人人生而自卑”，这是我个人非常喜欢的心理学家阿德勒的观点。我们应该因自卑而去补偿，从而变得优秀，而不是屈从他人的看法而失去自我。

我想，当下的你能够坦诚地接受自己之后，许多问题都将迎刃而解——你可能自然而然就变得外向，自然而然就成为某领域的大牛。

当然，或许你依然没什么改变，但我并不觉得这比成为你自己更加重要。

愿你学习进步，而那些痛苦，最终都能随风而逝……

至于通过休学去促使自己改变，这样的想法和做法倒是不时出现在许多国外的成长案例中。在我的印象中，这种情况大多发生在大学生群体中，或是在大学入学之前。那样的时间和年龄——基础教育已经完结，而个人也已成年，似乎更适合去梳理自己的人生梦想。在我看来，那种方式比较适合那些对未来感到迷茫的人去找到自我，找到梦想。既然你知道自己想成为什么样的人，那么休学对你而言，意义就似乎没有那么大了。

加油！

# 敏感者的幸福与代价

当生活中几乎所有的事情都是问题的时候，该怎么办呢？

我的学习成绩一般，都是靠英语和语文撑起来的，其他科目的成绩则是中等偏下，还有个别科目的成绩差得要命。

我的性格内向，其实已经到了自卑的程度。和别人在一起时，我总是十分敏感，过分小心谨慎，又极容易受伤，总觉得别人不喜欢我，即使他们表现得好像很喜欢我。

父母的事情，虽然只说了“离婚”二字而没离婚，但他们的关系常常让我感到担心。可能我的担心是多余的，但我总也放不下心来。

我的体重虽然一直在正常范围，甚至也有过体重偏轻，但看起来总是不尽如人意。因为这个，我一度被同学嘲笑过，直至现在也仍然是我的心结。

几乎每天的每一节课，都有让我或难过或尴尬或失望的时刻。每一个和我接触的人都让我觉得，也许他们并不真的喜欢我、认可我，我从来都不能真正地融入他们。

我最近的情绪也非常不稳定，难过的时候眼泪根本止不住，心情好的时候又会觉得自己只是矫情而已。所以，既然我自己都不能理解自己的难过，更不奢求他人理解。但是这种难过就是最黑暗的感觉，难过到背部的肌肉都紧缩起来。

该怎么办呢？如果生活让自己感到近乎绝望。

期待您的回信。

见信好。

“我就知道，只要我写下‘达西先生’这几个字，又会引来众多女人的尖叫，至少是注目几秒钟。

“费茨威廉·达西先生——女人永恒的幻想和她们抑郁症的根源。我想心理学上应该有个术语，叫作达西先生症候群……”

以上的句子，出自一位已注销账号的豆瓣网友的文章——《永远的达西先生》。

不知道你有没有看过简·奥斯汀的《傲慢与偏见》，或者 1995 年版科林·费尔斯主演的同名电视剧，如果你看过，大概知道那位网友在说什么。

无论在简·奥斯汀的笔下，还是在科林·费尔斯的演绎中，达西先生都有很强的人格魅力。他优雅，而又带着些冷淡；他温柔，却时常表现出傲慢；同时，他还有一些敏感和脆弱。

“敏感”这个词，用英文来说，应该是“sensitive”吧。在我们的文化中，“敏感”并不能算是一个褒义词，它在多数情况下代表着狐疑、猜忌和小心眼。而在西方文化中，它展现的是人的细腻、温柔，具有同情心和同理心的一面。

《傲慢与偏见》中的达西先生之所以爱上伊丽莎白，正是因为她“敏感而温柔的本性”。而且，那个时期许多文人赞赏英国绅士或小姐的性格，都带有敏感的一面。有的时候，人们甚至把“sensitive”这个词直接翻译成“体谅”。

之所以扯这么多，是想说，你是一个敏感的孩子，非常在乎他人的评价——老师说你内向，你觉得忽然被击中；我提到阿德勒的自卑补偿心理，你会记在心里；和别人在一起，你总是小心谨慎，但又极易受伤；你希望得到周围人的喜欢，但他们真的喜欢你，你的心里又充满了担心……

这么敏感，的确不大好办。生活中，人难免会有许多困扰，会更敏锐地捕捉到来自这个世界的各种信息。父母随口的一句言语，朋友无意的一个眼神，甚至于一阵秋风、几片落叶，都可能引发一阵伤感，严重的时候，甚至会流下泪来……

但同时，敏感也带来许多优点：具备敏锐的洞察力，能很好很及时地捕捉到他人的情绪，并相应地做出调整；能很好地理解他人的痛苦，并温柔地对待他人；在乎细节，在乎细节给他人所带来的感受；尊重他人，哪怕可能会委屈到自己……

你可能会想，我怎么会知道这些。那是因为，许多时候我也觉得自己是一个敏感的人。而且，相比较而言，我更喜欢和敏感一点的人来往。过于迟钝的人往往不会顾及他人的感受，他们喜欢拿着强加于人的东西在他人面前纵横恣肆。

而敏感的人，大多都是能尊重自己和他人权利的人。

但也正因为个人的敏感，我也深知敏感会带来的一些困扰——有的时候，甚至会成为前进路上的阻碍，时不时地，它让我怀疑自我，一旦受到打击，它便会毫不犹豫地附上身来，令我失落低沉。

所以，试着去面对自己的敏感，试着明白：很多时候，他人的看法并没有那么重要，相比而言，自己内心的感受和信念更为重要一些。这个世界上没有人能让所有人满意，既然做不到这一点，不如试着去成为那个让自己满意的人。

在这里，向你推荐日本作家渡边淳一的一篇文章——《敏感的人更容易受伤》。在我看来，那些具备洞察人性能力的作家，都是一些敏感的人。而渡边淳一在文中反复提到“钝感”这种能力的重要性，想必也是深知敏感给自己带来过的困扰。

愿我们身上那些不必要的敏感，都能烟消云散。这么说，还是觉得太过贪婪：既想获得敏感所带来的好处，又不想承受敏感所带来的困扰，这个世界哪有那么好的事情。

所以，还是坦然接受自己的敏感吧。因为，你已经获得了它带给你的一些优秀的东西。

## 没有谁的人生，是绝对完整的

我是一名20岁的应届大专毕业生，我之所以能在20岁的年纪毕业，是因为我上的是5年大专，也就是“3（中专）+2（大专）”的学习形式。

我没有经历过普通的高中生活，也没有体验过正常的大学生活，所以我对高中和大学生活很向往，同时也希望进入全日制大学学习。今年毕业的时候我本有一次升本的机会，但是最后没有考上。

之后我便留在原实习单位工作，公司的工作氛围不错，同事之间相处得也很好，虽然工作有点超负荷，但还是挺开心的。

可是我心里还是想上学，我承认自己想上学主要是想体验一把高中和大学的生活。我认为没有经历过高中、高考的人生并不完整，因为你从不知自己可以在强压之下迸发出多少力量。

但是家里并不支持我的决定，他们认为社会是最好的大学，想学什么都可以学到。实际上，我想重新上高中的这个想法已经有一两年了。我做事总是三分钟热度，本以为当时冒出这个想法只是因为自己不满意就读的大专，工作了之后就会把这个想法摒弃。可是这个想法却在我心里扎了根，每次想起来都有点儿喘不上来气的感觉。虽然工作的时候我也会忘记这个事，可是再次想起来会很难受。

我是一个逆来顺受的乖乖女，不愿意违背父母。虽然我接受现在的上班生活，但心里还是向往高中和大学。我不知道如果我真的辞了工作去上高中，家里人会怎么想。

我曾想过在25岁挣了钱，再重新进入学校，可是我却害怕25岁的我不再有现在的记忆力和可以吃苦的心。

我曾想过，我没有去做还是因为自己不够坚持。可能我一直都在自欺欺人。说实话，我真的认不清自己的心。继续上班，我怕自己会有遗憾；回去上学，我又怕打工并不能支付自己的生活开销，反而让自己精疲力尽。我畏畏缩缩，不敢选择地继续维持着现在的生活。

看完你的来信，我忽然想起一个造句游戏："没有……的人生，是不完整的。"

小学生在上语文课时遇到这样的提问，大概会很踊跃、很开心，因为这样的造句几乎没有要求，似乎写什么都可以，远远不像"不但……而且""只要……就"之类的来得麻烦。

"没有好好学习的人生，是不完整的。"

嗯，不坏不坏。

"没有认真吃早饭的人生，是不完整的。"

有点奇怪，但好像也说得通啊。

"没有读过《钢铁是怎样炼成的》的人生，是不完整的。"

这个有点绝对，但估计小学语文老师会喜欢，说不定还会夸两句：哇，这么小就看过《钢铁是怎样炼成的》（当然有没有看过谁也不知道，可能只是觉得这个名字好玩而已），很好，很好。但这一夸不要紧，许多没有看过《钢铁是怎样炼成的》而又内心敏感的小孩，肯定会暗暗自责：我为什么不去看那本书？回去一定要看，因为不看这本书的人生是不完整的。

然后，特别喜欢打乒乓球的小朋友说："没有打过乒乓球的人生，是不完整的。"

于是接着，"没有吃过冰淇淋的人生，是不完整的。"

"没有掏过鸟窝的人生，是不完整的。"

嗯，再然后，没有尿床的人生，没有打架的人生，没有拿石子砸人家玻璃的人生，没有离家出走的人生……这样或那样的人生，似乎都是人生的必备经历，而且仔细一想，其中的大部分都有那么一点道理。

连打架都没有过，也太胆小了，好像真的有点残缺嘛！连离家出走都不敢，真是循规蹈矩啊……只是这样一来，绝大多数人的人生，都会成为小学生课堂里造的句子："没有……的人生，是不完整的。"

事实上，没有人规定每个人的人生必须经历什么，也没有谁可以说怎样的人生是完整的，而怎样的不是。如果有人那样说，他也只是用这种方式来控制你。或者，他只是在宣扬属于他个人的看法。当然，这并不见得是恶意。比如非要让我来造这样的句子，我大概会说："没有跑过马拉松的人生，是不完整的。"

因为我发自内心地觉得，长跑对人的帮助真的很大。有的时候，我真想拿着个大喇叭，满世界喊："大家都快来跑步啊，跑步真的太好太好了。"

可惜，大概没人会听我那么喊，也不会有多少人会真的因此而去长跑。

或许也会有单纯的、信任我的小孩，他们内心里真的觉得没有跑过马拉松的人生，是不完整的人生。

如果你真的相信我说的这一点，并那么去做了，说明你内心真的很单纯，有如同前文设想的小学生们一般的单纯。因为真正长大成熟的人，一定会从自己的角度出发，去分析各种看法和言论，去确定哪些应该做、哪些不该做，哪些值得付出努力和代价去做，哪些值得自己用一生的时间去交换……

当然，若真有人因为我的话而去长跑，大概率上，他也会收获很多以前没有收获的体验，并有可能改变他的人生——变得更加积极健康。

但是，“没有跑过马拉松的人生，是不完整的”这样的话，仍然是极端武断的。

每个人都不一样，在不伤害他人的前提下，每个人都可以有自己的人生、自己的生活。那些只属于自己的独特体验，是需要丢失一些共性的东西才能获取的。从这个意义上来讲，没有谁的人生，可以是他人眼中完整的人生。

所以，没经历过高中，没参加过高考，没什么大不了的。

而且，你得弄清楚，你想再去经历高中、参加高考的目的到底是什么。若是单纯地想要体验强压下自己能迸发的力量，那么你更不应该去参加高考，因为据我所知，社会上有太多的事情能让你体验远超高考的强压，足以让你迸发远比考上大学更多的力量。

相信我，与这个社会的许多事相比，考上大学真的不算什么。

我猜想，这应该还是一种补偿心理吧。乖乖女一般都比较听父母和老师的话，而在读初中的时候，你大概没少被灌输“中考、高考是人生的转折点”之类的话吧。而中考失利读中专，应该也是你的遗憾吧。

只是，高考真的没那么重要。

同样，追求别人眼里的“完整的人生”，也没那么重要。甚至连追求“完整”本身，都有其不合理的地方。

有的时候，某些遗憾是属于你自己的独特体验，也将是你成为你自己的地方。

你说：“我曾想过，我没有去做还是因为自己不够坚持。可能我一直都在自欺欺人。说实话，我真的认不清自己的心。继续上班，我怕自己会有遗憾；回去上学，我又怕打工并不能支付自己的生活开销，反而让自己精疲力尽……”

那么我说，没有什么样的人生，是完整的人生，也没有什么样的选择，一定会不留遗憾。A 所谓的完整，可能正是 B 的残缺；所有做了 A 的选择，一定会回想 B 的可能。

所以，别再去想什么他人所谓的“完整的人生”，也别想什么“不留遗憾”，在弄清楚自己内心的想法之后，勇敢向前就好。

# 别让嫉妒伤害到自己

老师：

您好！

我一直犹豫要不要写封信说出我的烦恼，因为这个烦恼真的折磨我太久，又不好意思跟其他人倾诉，请老师为我指点迷津吧。

我是女生，我想说的是关于“嫉妒”。

我感觉自己从小就是个善妒之人。小的时候，跟我关系好的同学考试分数比我高，尤其是女生，我就会默默难受很久很久，然后不自觉地就开始疏远她。看到关系好的朋友哪天穿得特别好看，我心里也会不爽……

印象最深的是读高中的时候，我跟同班一个女生很要好，但是在一起时间越长，我在意的就越多。她比我高，身材比我好，会打扮，学习也不错，有许多小男生跟她表白，却没有男生向我示好，然后我心里愈发地不平衡，慢慢地就开始疏远她，直至葬送了那段友谊。现在想想，虽然我俩友谊的结束也有其他因素，但我的嫉妒是很大的一个原因。现在想来很是愧疚，因为从始至终她对我都不错……

到了大学，前两年还好，到了大三、大四的时候，这种情况愈发严重。我特别受不了的就是跟我关系不错的、以前不如我的或者跟我差不多的朋友突然变美了，或者得到了我没有得到的东西。虽然这种情况下我表面很镇定，但是内心真是特别特别难受……

就拿我最好的朋友来说吧。我们在一起差不多八年了，见证了彼此的成长，关系很好。最近有一个小土豪正在追她，给她买各种各样昂贵的礼物……面对这种情况，我又受刺激了，这种心理状态我羞于启齿：凭什么啊！她的家境没我好，长得没我高，也没我漂亮，为什么就没有小土豪来追我……

真的很惭愧，她是我最好的朋友，我不应该这样想，但是我就是控制不住。其实现实情况是，我也有一个对我很好很体贴的男朋友，我们在一起两年，感情融洽，只是他的家庭经济情况很一般。我的不平衡完全来自我的嫉妒。这种情况一直困扰着我、折磨着我，让我每天都不怎么开心，一想起这些我就很难受……

有时候我会觉得自己的心胸真的十分狭隘，我怎么可以这样，怎么能嫉妒自己最好的朋友？但我真的控制不住，尤其是我现在处在人生的低谷期（考研准备二战，人生没有着落），可她不但考上了还有土豪追，这种落差真的是让我很受打击。可能我潜意识里觉得她始终没有我好吧，所以局势翻转了让我闷闷不乐、失眠……

道理我都懂，比如说我要知足，感恩自己拥有的，不要拿自己的缺点和别人的优点比，要心胸开阔，要好好努力提升自己……

诸如此类的鸡汤文我看过很多，可是并没有治愈我。我还是控制不住自己的情绪，而且这种情绪已经影响到我的生活了，这样下去是不行的。老师，我该怎么办？我不想因为我的嫉妒而失去这份珍贵的友谊，但是每次跟她出去玩我都会有满满的挫败感，然后好几天缓不过来，我快要疯了……

嫉妒是骨中的病菌，难道我就这样腐烂掉吗？

你的来信，让我想到了希腊神话里的情节：在英雄帕琉斯的婚礼上，没有被邀请的不和女神厄里斯送来了一个金苹果，上面写着“送给最美的”。

在那场盛大的婚礼上，除了不和女神厄里斯，希腊众神都被邀请了，包括最有权力的女神天后赫拉、智慧女神雅典娜、代表爱与美的女神维纳斯（又名阿芙罗狄忒）。

那么问题来了，谁才是最美的呢？按道理说应该是维纳斯，但赫拉和雅典娜可不那么想。于是，女神们全然不顾形象，开始争执吵闹。众神之王宙斯也头疼不已，就把这个麻烦扔给了特洛伊王子帕里斯，让他来评判。为了得到这一美名，女神们无所不用其极：赫拉允诺他统治地上最富有的国家，雅典娜愿意赐给他无比的智慧，而维纳斯答应把世界上最漂亮的女子给他做妻子。

最后，帕里斯将金苹果给了维纳斯。后来，维纳斯果然兑现了诺言，帕里斯得到了天下最美丽的女子海伦。但是，被激怒的赫拉和雅典娜发誓要向所有的特洛伊人报复。

于是，特洛伊战争爆发……

由此看来，那场血流成河的战争，起因便是女神们的嫉妒。

记得最初了解到这一情节的时候真是大跌眼镜。赫拉善妒倒也罢了，希腊神话中她因嫉妒所干的不光彩的事，简直是罄竹难书。可没想到爱与美之神维纳斯也同样善妒，甚至连智慧女神雅典娜也是如此，这让看着《圣斗士星矢》长大的我实在难以接受。

而且，在希腊和罗马神话中，战神阿瑞斯善妒、火神赫菲斯托斯善妒、酒神狄奥尼索斯善妒，就连众神之王宙斯也善妒——他不光嫉妒取火的普罗米修斯，甚至还会嫉妒人类：有美少年爱上赫拉，他嫉妒；有人医术太高，他嫉妒；有人太勇猛，他嫉妒，甚至嫉妒到把那些人用闪电劈死……

在希腊神话中，你似乎很难找到完全抛弃了嫉妒的神祇。

坦白说，相比其他的神话传说，我更喜欢希腊神话。因为在他们的神话体系里，神的身上普遍带有人性：容易嫉妒，容易愤怒，也容易犯错。但同时，他们也有美，有爱情，有欢乐……从这个角度看，这样的神远比观音菩萨和太白金星来得可爱。

开篇扯了这么多，我只是想告诉你：嫉妒是神灵都无法战胜和摒除的东西，你想把它从身上赶走，是一件难以做到的事情。换句话说，你当下正在试图做一件连众神都无法做到的事情。

那么既然如此，我们还不如静下心来，先假设嫉妒是你身上的一部分，你没办法改变它，也没办法将它从自己身上摒除，它不仅现在会存在于你的身上，还很有可能一生都与你相随。

那么接下来会怎样呢?

嗯，估计会比较糟糕吧，你可能会一如既往地嫉妒你那位相伴八年的好朋友，特别是当她收到小土豪送来的昂贵礼物的时候。若是你的这位好友又有点爱炫耀,若是你的男友正好没有准备礼物……这样的状况，想着都有点难受。

但是，我想那也不会比你当下的心境更加糟糕。当下的你，一方面在忍受着嫉妒给你带来的愤懑不平，另一方面，又得面对嫉妒给你造成的负罪感。我们第一步要做的，是接受嫉妒在你身上这一事实，无论好与不好，先试着接受它。至少先减轻你的负罪感，一来那是神祇都战胜不了的东西，二来你又没做什么伤害人的事情，你为什么要有那么强的负罪感？

或者，你是在为可能出现的伤害担心？担心某一天嫉妒心发作，像赫拉一样把美丽的女子变成一头大熊？或是如宙斯般，用雷电劈死医术高明的人？

没有人需要为没有犯过的错负责，只要你没有伤害他人，你完全不必如此愧疚。

如果你的好朋友是一个善解人意的人，你甚至可以找个机会告诉她：“有的时候，我真的挺羡慕你的，羡慕你考上研究生，羡慕你的男朋友……嗯，都有些嫉妒了，但是，作为好朋友，我还是会为你感到高兴。”

有没有想过这样去试一下？有没有想过把自己的嫉妒告诉她？

如果能够说出来，你一定会轻松不少。

当然，如果说不出口，或者你并不觉得你的好友能理解这个，那么，慢慢来，这也不是一件非做不可的事情。

但无论如何，先试着接受“嫉妒是你本身的一部分”的这一事实。

在我看来，这个世界上不光众神善妒（如果众神真的存在的话），众生也善妒。如同希腊神话中你很难找到完全抛弃了嫉妒的神祇一样，在这俗世之中，你也很难找到完全抛弃了嫉妒的人。

是的，有的时候我也会嫉妒他人，嫉妒有人长得比我高，嫉妒有人家庭背景比我好。那个人好有才华，真是令人羡慕啊！那个同学当年成绩那么差，怎么现在却混得这么好？还有那谁谁谁，以前话都说不清楚，现在可是口才了得啊……

在这个世界上，许多人身上都会有我们没有的东西，有的人高大，有的人漂亮，有的人有钱，有的人有才华……

总有那么一些人，他们会在某一方面闪闪发光。当被他人光芒掩盖的时候，我们很难能保持内心平静，甚至会自卑、嫉妒。

这就是俗世，这就是人之常情。

这种心理如果处理得好，就是羡慕；如果处理得不好，就是嫉妒。

那么，有没有什么办法，能让我们完全摒除嫉妒？

答案还真有。

跟大家一样，我理所当然地并不相信希腊众神真的存在。但我认为古希腊时期的人真的很有智慧，他们很敏锐地发现人身上的一些集体性格特征，比如愤怒、嫉妒、虚荣……并将其以神话的形式展现了出来。两三千年过去了，出现了那么多聪明的人，难道就解决不了人性的那些弱点？遇到不平，我能不能不愤怒？看到比自己优秀的人，或者谁收获了我不曾收获的东西，我能不能不嫉妒？

在智者们不懈的努力下，他们还真的找到了一些切实可行的方法，并且在大范围内被论证。

这类方法，就是宗教。

但前提是，你相信宗教吗？你愿意为了摒弃嫉妒、愤怒、虚荣以及其他的欲望，而去相信佛陀、上帝或安拉吗？据我了解，在这些宗教里面，做得最彻底的便是佛教。许多佛教徒真的通过摒弃了许多欲望，从而获得了内心的平静。连《人类简史》的作者尤瓦尔·赫拉利都在书中感叹佛教在这方面的强大作用。

但问题是，你愿意抛弃俗世中的小确幸、希望与梦想，从此将心交与佛祖，然后磕长头拜古佛吗？

许多东西的获得，都是要付出代价的。我们不可能一方面对未来满怀希望，感受着身边的亲情、友情、爱情甚至金钱名利所带来的小快乐，一方面又想完全抛弃它们所带来的阴暗面。

那样的想法，实在是有些贪心。

我是俗世中的俗人，喜欢蓝天白云、阳光流水，但同时，也能忍受雾霾和阴暗。所以在这里，我也只能提供一些俗世中的方法，或者甚至连方法都谈不上，只是一些基于个人的建议与参考。它没办法让你战胜它、抛弃它，但可能会帮助你与它比较友好地共处。

接下来，我想谈谈奥地利精神病学家阿尔弗雷德·阿德勒。

1870年，在奥地利维也纳郊区的一个富商家中，小阿德勒诞生。投胎是门技术活，从阿德勒诞生的环境看，他这方面的技术似乎并不太坏。

但是在他三岁时，睡在他身旁的弟弟去世；四岁的时候，他才学会走路；五岁患肺炎，医生认为他快死了，连家人也不抱什么希望；读书时成绩平平，数学成绩极差；自己也觉得自己又矮又丑；

哥哥看来处处比他强，而母亲又似乎偏爱哥哥；他还患有佝偻病，身体孱弱、行动笨拙，无法进行激烈的体育运动……

以上，便是阿德勒的童年。我相信没有人喜欢这样的童年。这样成长起来的小孩，也没办法不自卑、不羡慕他人，甚至不去嫉妒他人。

但是，就是在这样一路磕磕碰碰之中成长起来的阿德勒，成为了继弗洛伊德之后最伟大的心理学家之一。也正是他对个体本身的关注，使他成为了人本主义心理学的先驱。

而他获得巨大成就的起源，便是他的自卑感。哥哥比他高、比他强，他便努力在游戏中超过他。数学成绩差，甚至连老师都建议他父亲别让他读书了，不如学做鞋。但他通过自己的努力，解决了连老师都头疼的数学难题。因为弟弟的死和那场几乎要了他性命的肺炎，他立志做一名医生，最后他成为了世界上最有名的心理医生之一。

而“自卑情结”，也成为他的理论体系中最重要的概念之一。他认为，由于婴儿天生的弱小和不能自助，人人生而自卑。他还认为，很多时候自卑的确能够摧毁一个人，让人自暴自弃，甚至引发精神疾病。但同时，它也能促使人努力向上，从而追求卓越。

这样的过程，便是对自卑的补偿。

之所以在这里写阿德勒和他的经历，除了对他理论的偏好之外，更想说明：许多在表面看来不好的情感，比如虚荣、愤怒、自卑……

它们都是一柄双刃剑，可能伤害到你，也可能成就你。

嫉妒也同样如此。既然我们无法完全摒除内心的嫉妒，那么，不妨将这份力量运用到积极的方面，就好像阿德勒对自卑的态度一样。同学考试分数比你高，那么就去超越她；考研没考上，那么就更加努力地去做；好友身材比你好，比你会打扮，这个好像也是可以通过努力来改变的，至少一定程度上可以。

但是，每一点自我的改变，都需要付出相当多的努力才能获得。问题是，你是否愿意那么去做？

即便如此，你也没办法成为每一个你所希望成为的那个人，没办法在每一方面、每一点上都闪闪发光。基于此，我的建议是，将你的努力集中在你内心最在乎的那个方面，至于其他方面的相对不足，最好试着接受，试着把它当作自身的一部分而继续前行。而且有的不足，即便我们再努力也无法弥补，就好像我不可能像博尔特一样飞奔，没办法像姚明一样扣篮。

至于好友有土豪追，也大致如此。在什么时候遇到什么样的人，大概也是没办法确定，没办法通过努力达成的。当然，似乎也有提高概率的方法：努力让自己的外表更美丽，经常出入有土豪的场所……但这好像也不是你想要的爱情吧。

看到这里，你可能觉察到二者的矛盾：我一方面在鼓励你通过努力将你内心的嫉妒用到积极的方面，一方面又劝你放弃一些东西。

是的，这二者的确有矛盾，就如同这个世界上在矛盾中激荡碰撞的无数理论与方法一样。但我觉得对于个人而言，还是有办法找到相对的平衡点的，那就是接受你所能接受的，改变你所能改变的。

理解自己，接受自己，包括自身的缺点与不足。至于那些实在不能接受的方面，能改变则改变，去努力，去拼搏，去变得更加优秀。至于最终能有多优秀，那取决于你自己。

但请注意，别让嫉妒伤害自己。

# 没有谁的旗帜，会一直飘扬

老师：

您好！

两个月前，我因为自身的一个失误失去了一份我热爱的并且做了五年的工作。刚开始我本能地为自己找各种理由开脱，但是我心里清楚，理由只有一个，就是自己疏忽了，犯了错误，这一点无可否认。后来，我努力劝说自己从错误中走出来，可是我做不到，这个错误成了我心里的一个结。

为了生活，我开始找另外的工作，一份劳碌，能混口饭吃的工作。日子一天天过去，我的心开始慌了，我对自己未来的不确定性感到恐慌，别人的旗帜是迎风飘扬，我的旗帜却被刮得东倒西歪，不知道什么时候就会倒下。

我现在做的导游工作跟我所希望从事的环保工作毫不相关，而等到下一届本科毕业，我已经是28岁的大龄青年了，又有多少时间可以供我积攒经验？

朋友告诉我，我可以到一些相关机构从基层做起，不计较报酬。我是可以不计较工资这个事情，如果我不用吃饭，不需要帮家里还房贷，不用交学费……家中二老快退休了，我又是家里的独生女，自己从家乡出来到城市打拼，老人家自然各种挂心。我得想着他们，我得还房贷，我可以不吃饭但房租还是要交，所以我没有办法这么轻松地说换工作就换工作。但是我依然是这么担心着，毫无意义地担心着，我不愿一辈子做着没有意义的工作，因此各种心乱。

叨叨了一大堆，其实也就是想问一个问题：我是该稳下心留下来继续把这一年的书念完呢，还是该为未来想要去的地方铺路呢？

无论如何，谢谢老师，如您所说，我写出来了，也是整理了一下自己的思绪。虽然依然没有答案，但是，应该也是有好处的吧。

见信好。

你的来信，让我想起来很久以前看过的一部电影——《父辈的旗帜》。

在美国首都华盛顿广场上，有一座巨型雕像，六名士兵正奋力插起一面美国国旗。这座雕像的原型，是二战时美国一幅著名摄影作品，作者是美联社的随军记者乔·罗森塔尔。那张照片的名字叫《旗帜在硫磺岛上升起》。

对的，那幅摄影作品，取材于二战中美军在太平洋战场上的一场战役：硫磺岛之战。

1945 年 2 月，硫磺岛战役爆发。当时二战实质上已经接近尾声，无论是力量对比，还是战场局势，胜利的天平已经完全向盟军倾斜。日军在太平洋战场上一再受挫，海军、空军全部遭遇了毁灭性打击，制海权和制空权丧失殆尽。

为了能够给日本本土造成更大的威胁，美军发动了硫磺岛战役。在强大的海军、空军的协助下，数量将近四倍于日军守军的美军向硫磺岛发动了攻击。

很多人都认为，那是一场力量悬殊的战役，美军拿下那样一个弹丸小岛，将不费吹灰之力。

事实上也的确如此。从 1945 年 2 月 19 日美军发动登陆战开始，到 2 月 23 日美军占领硫磺岛制高点折钵山山顶，只花了 5 天时间。23 日上午，美国海军陆战队 5 师 28 团的哈罗德·希勒中尉率领的一支小分队一路血战，于10时30分冲上折钵山山顶，随即升起了美国国旗。后来，随军记者乔·罗森塔尔拍下了那张经典照片。

不过，当时乔·罗森塔尔拍下的，并非是希勒中尉的小分队攻占折钵山顶时树立旗帜的照片，而是更换旗帜时的摆拍。拍照的时候，他还对战士们大喊："振作点，这可是历史性的。"

后来，那张照片的确成了历史性的照片。照片很快传到美国国内，9天后，在《生活》杂志发表时引起轰动，乔·罗森塔尔也凭此获得了当年的普利策新闻摄影奖。

于是，美国人为之而热血沸腾，举起旗帜的那六名士兵也从此成了英雄。在很多人眼里，美军已经攻下了硫磺岛，美国的国旗正在硫磺岛上空高高飘扬。而且，它不仅会飘扬在硫磺岛上，还将飘扬在冲绳，飘扬到日本本土之上。

后来，这幅图片被反复引用，以之为原型的雕塑和绘画作品到处都是。再后来，这张照片还被印到了邮票上，甚至出现在许多电影中。总统罗斯福也认为这张照片是极好的宣传品，于是下令辨认照片中的士兵，然后带他们回国。这些士兵被当作英雄，参加一轮又一轮的活动。

是啊，美国的旗帜，正在硫磺岛上迎风飘扬。这是当时所有美国人，甚至所有盟国人都愿意看到的情景。

只是，真实的场景，远远不如宣传的那么坚定与勇往直前。2月23日，虽然经过5天的艰苦战争，但硫磺岛战役的残酷才刚刚开始。从 2 月 19 日登陆战开始，到 3 月 26 日战役结束，硫磺岛上的炮火与硝烟，持续了整整 36 天。折钵山山顶上的美国星条旗虽然一直迎风飘扬，但之后的美军每前进一步，都要付出巨大的代价，硫磺岛战场成了名副其实的“绞肉机”！战斗部队伤亡惨重，有经验的连长、排长和军士长伤亡殆尽，许多部队的连长由少尉或上士担任，而排长、班长大都由普通士兵担任……

从 1945 年 2 月 19 日至 1945 年 3 月 26 日，美军阵亡 6 821 人，伤 21 865 人，伤亡共计 28 686 人。而日军的 23 388 名士兵之中，除了 1 083 人被俘，其余全部阵亡。

美日双方伤亡对比，为 1.23 : 1。

那绝不是一场轻松的战争，至少不如宣传中的画面轻松：六位英雄奋力举起一面美国大旗，旗帜迎风招展，没有鲜血淋漓，没有硝烟滚滚，也没有伤兵的哀号和被炮火炸飞的残肢断臂。

那是一场极端惨烈的战争，但很长一段时间里，人们关注的，是折钵山山顶上飘扬的旗帜，是举起旗帜的六位英雄。不，确切来说是三位英雄。照片拍摄六日后，六人中的布洛克死于枪伤，几小时后史达兰克被炸死，3 月 21 日，就在胜利在望的时候，苏斯利死于狙击手的枪下。

幸存下来的三人，终于在安排下回到美国，然后巡回参加活动。他们在活动的欢呼中呼吁人民购买军券。

剩下的三人成了真正的英雄。而拍摄照片的乔・罗森塔尔也成了二战中最有名的随军记者，他的一生几乎都生活在那张照片所带来的荣耀中。

“日子一天天过去，我的心开始慌了，我对自己未来的不确定性感到恐慌，别人的旗帜是迎风飘扬，我的旗帜却被刮得东倒西歪，不知道什么时候就会倒下。”

看着你来信中的这个句子，我忽然想起了那张著名的照片，以及那部虽然有名但并不被许多人看好的电影《父辈的旗帜》。

如果在你的眼里，别人的旗帜总是迎风飘扬，应该是你没有见到他们的旗帜低垂甚至倒下的时候，没有看到那些人为了举起旗帜而付出的惨烈代价，没有看到他们一次又一次的奋斗，然后跌倒，然后再奋斗，然后再跌倒，甚至再也不能爬起……

所有飘扬的旗帜背后一定是有代价的。那些光鲜的、满载荣誉的举起旗帜的人背后，也一定有无数默默无闻的付出者，甚至是牺牲者。

没有谁的旗帜，会一直迎风飘扬。

我想，你之所以会那么认为，是因为他们需要向你展示这些：旗帜的招展与飞扬。因为这代表着前途的繁花似锦，代表着未来的不可限量，代表着伟大、光荣和正确……

记得在去年，因为朋友的关系，我认识了一位初创企业的经理。年轻的他，为人谦逊有礼，但同时又干劲十足，初接触的时候，觉得他就是那种对未来充满确定感而不停摇旗呐喊的人物。

几次交往过后，大家渐渐熟络了起来。后来一次偶然之中，我问了他我经常拿来问人的那个问题：

“如果让你给自己的生活幸福度打分，总分10分，你打几分？”

“3.5分！”他说。

彼时彼刻，正是周日的下午，他在送我们去合肥高铁站的路上。据我所知，忙碌的他已经很久没有和家人一起度过周末。在那之前，他刚接到他母亲的一个电话：“事业重要，家庭也很重要……”

许多表面上看起来飘扬的旗帜后面，都是有代价的，或者一定有着不为你所知的一面。

所以，工作不如意，没有关系；家里有负担，没有关系；时光流逝而希望仍然遥不可及，其实也没多大关系……因为当下的绝大部分人，都在如此面对生活。

只是，有关系的，是你需要确定当下梦想与现实之间的矛盾：是继续追寻梦想中飘扬的旗帜，还是从此后退一步，如其他人一般远远地望着他人的旗帜飘扬？

其实这是选择问题，而且是只有你自己才能做出决定的选择。

当然，现实有很多无奈，处于普通阶层的我们，想要让我们的旗帜飘扬，将会比上一层或上几层的人，付出更多的努力。即便如此，那旗帜也不见得会升起，会飘扬。但未来从不确定，你的旗帜依然有飘扬的可能。前提是，你得付出让它飘扬的代价，你得忍受许多年都不曾飘扬的时光……

硫磺岛是一个沉寂的火山岛，岛上有很厚的火山灰，有很重的硫磺味，它的外形像一块猪扒，它的面积还不到二十一平方千米。在七十年前的那场战役中，在那块不到二十一平方千米的土地上，美日双方伤亡人数超过五万。

“硫磺岛南部，有一座尚未完全冷却的死火山，即折钵山，海拔 160 米，终年喷发着雾气，硫磺味弥漫全岛。”——这是百度百科关于“硫磺岛”词条的解释。

没有谁的旗帜，会一直迎风飘扬。

第三章｜ CHAPTER THREE ｜

# 谅解：一切都是童年的错吗

# 没有安全感的父母

老师：

您好！

我现在是一名高三学生，面对着升学压力，还有和父母之间严重的沟通障碍。我看到您的文章，觉得很有启发，但转给我妈看之后，没有起到任何作用，因此我想写信说一说自己的烦恼。

我并没有厌学，有好好努力应对高考，在学校成绩也还不错。但是父母还是不断给我施加压力，每天都督促我好好学习，将我跟别人进行比较。我知道在高三学生中，这种现象很普遍，但是我认为，我父母不只望子成龙这么简单，他们根本不尝试、不想去理解我。

在学习方面，尽管我说过，我知道学习很重要，我会好好努力，可他们一点儿也不相信我，仍然觉得我不明白学习的重要性，认为我贪玩、懒惰。只要我在家中玩手机，看课外书，或是干一些和学习无关的事，他们就会显得十分焦虑，认为我精神散漫，没有高三学生该有的样子。他们每天都在网上搜集无用的学习方法和鸡汤文，然后转发给我。我的成绩一有波动他们就会敏感无比、反应剧烈。

我觉得他们相当不信任我，总是觉得我很幼稚，没有独立思考的能力和自己的想法，一直束缚我。他们认为自己的观点无比正确，丝毫听不进我的想法,就算听了,也只会把我的话当作小孩子的牢骚、青春期的叛逆。

我已经高三了，再过一年就成年了，我认为自己还是有一定的自制力和独立思考能力的，他们这样不尊重、不信任我的行为，就像剥夺了我与别人交流的权利一样，能说话却无法沟通的感觉让我非常痛苦。

除此之外，与他们在一起生活的每一天也让我感到很难受。就算是早晨不叠被子、出门不把鞋子摆放好这样的小事，我妈也会唠叨很久。如果只是念叨几句，那还算好的了，她会以这些琐事作为我糟糕生活习惯的证据，以一种高高在上的口吻教育我：

“你每天这样脏、乱、差，以后你自己的家庭也会被你弄得乱七八糟。”

“你在家坐没坐相，弯腰驼背，到了外面你也这样？要不要点形象？”

“你在家不洗碗、不洗衣服，以后独立了谁帮你做？”

……

我现在不做，并不代表我不会做或者做不到。我认为家是一个可以放松、不用拘谨的地方，因此我在家不那么严格要求自己，如果在家和在外面一样，家还有何意义？

可是我妈说：“你的舒适和放松是建立在我的劳动和痛苦上的！”哦，这下我明白了，只要是她看不顺眼的，与她生活方式和行为习惯不同的，她就要视为错误的然后加以排除。

我承认她为家庭付出了很多，但她总是把自己的付出作为威胁和责备我的理由，让我无法反驳。我真的很生气，可是又无法让她明白我的想法，我试过太多次了，可她根本听不进我的话。

我只是希望得到尊重，希望得到平等的对待，而不是寄人篱下的感觉。我希望和父母的关系像朋友，而不是束缚与被束缚的关系。我也尝试过沟通，然而失败了不下几十次。我不知道用什么方法才能让他们听进我的话，让他们明白我的想法，我感觉他们看到的世界跟我看到的完全不是同一个。沟通的巨大鸿沟让我感觉很害怕，除了基本交流，跟他们多说一句话都让我觉得难受。

拜托您了，我已经不知道该怎么办了。这件事已经折磨了我很久，但我现在才能够稍有条理地叙述出来。我是第一次向陌生人求助这种问题，如果有幸能够得到您的回信，并且能摆脱这种现状，我将会非常非常感激！

再次感谢您的帮助！期待您的回信！

见信好！

读你来信的时候，我能感受到你的烦恼、怨念，甚至是愤怒。不得不说，这是一封很流畅的来信，你很流畅地将你的情感展现了出来。

“你每天这样脏、乱、差，以后你自己的家庭也会被你弄得乱七八糟。”

“你在家坐没坐相，弯腰驼背，到了外面你也这样？要不要点形象？”

“你在家不洗碗、不洗衣服，以后独立了谁帮你做？”

……

看到这些句子，我似乎看到了你妈妈生气的样子，似乎还能听到她那连续不断的话语。

当然，还有试图辩解，但却毫无作用，最后偃旗息鼓、垂头丧气的你。

我在想，如果在中学课堂上读你的这封来信，想必会立马引起绝大多数同学的共鸣。

“有类似经历的同学请举手。”然后，下面的小孩会齐刷刷地举起手来，不举手的也有，大概只有三四位同学。

我之所以能猜想出这样的画面，是因为我经常在班级里这样问他们。在我的课堂上，每天都会有课前演讲。每当有小孩讲到家庭问题：被父母打啦，父母吵架啦，父母拿自己和其他小孩做比较啦……我都会问一句："有类似经历的同学请举手。"

然后，他们会踊跃地举手，并纷纷抢着交流自己父母的种种"恶行"。

在我教的两个班级里，没有被父母打过，父母能和他们好好沟通的小孩，大约只有十分之一二的样子。其中一个班级有四个这样的小孩，三个是女生，她们一直垄断班级的前三名。

看到这里，我想你心里大概会好受些。因为你所面对的，实际上是这块土地上大多数中学生都面临的问题。

所以呢，下次再碰到那样的状况，想想其他的中学生好了——当然，这只是玩笑话。无论如何，这种比惨的方式一定不是理性的处理办法，只能暂时让你心里好受一些。实际上"比惨"的方法是于事无补的，并且不会对你的成长有任何帮助。

接下来，我们还是来谈谈可能有帮助的方法。

首先，我们得坚信：无论父母还是老师，都应该尊重小孩。父母与小孩之间，大多数时候，应该是类似于朋友一般的关系，即平等且充满关爱。对于这一点，我想当下的青少年大多都这样认为。渴望平等、渴望被尊重，这是任何成长中的人都会有的心态，这没有任何问题。

然而，大多数的青少年都希望自己被父母像成年人一样对待的同时，却仍然习惯于让父母帮自己解决问题。

"这是一个奇怪的年龄，你希望被人像成年人一样对待，但仍然习惯于让人帮你解决问题。”

这个句子出自美剧《犯罪心理》第三季的第一集。在那一集中，艾米莉行走在大学校园里，看着来来往往的大学生说了这么一句话。与你相比，大学生年龄更大，也比你更渴望被人像成年人那样对待，但许多时候，他们也仍然习惯于依赖他人来解决问题。

很多时候，权利和责任是对等的。我想对于你，对于许多苦于被父母教育管束的青少年都是如此。你妈妈之所以会对你颇多微词，是因为她的确做了很多，帮你解决了很多问题。千万别小瞧了家务，现实往往不会像想象中那么轻松自如，许多生活中微不足道的琐碎，足以让人挫败和沮丧。

“你的舒适和放松是建立在我的劳动和痛苦上的！”至少在你妈妈看来，她的那句话是实事求是的。一直以来，的确都是她在帮你解决问题。而你的听话和顺从，在她眼里则是回报。

大体而言，家长制就是类似的交换。客观来讲，这种交换划算不划算，我想不同的人会有不同的看法。的确，父母会一直管你，但同时也会一直帮你，帮你买房、买车，帮你完成终身大事，甚至还会帮你带孩子。中国式家庭就是如此，只要条件允许，他们会一直帮下去。

其实很多时候，父母也会觉得很委屈：我帮你做了那么多，你却毫不领情，一点听话和顺从都不肯回报，还总是顶嘴，总是试图颠覆我的观念，冲击我的安全感。

安全感，对每个人而言都是很重要的东西。从你的来信可以看出，深受不同思想影响的你，严重威胁到你妈妈的安全感。在你妈妈看来，家里应该有家里的规则，而她，就是那个规则的守护者。而规则绝不仅仅是规则本身，背后还潜藏着他们的观念。你在挑战规则的同时，也在否定他们一直以来赖以生存的人生观和世界观。就是这样的过程，让你妈妈感受到了不安全。

所以，看到你不叠被子、不摆好鞋子，他们会反复唠叨和教育；看到你玩手机，他们会焦虑；而看到你成绩波动，他们会敏感，甚至反应无比剧烈。

在这块土地上，出生在那个时代的他们，是常常怀揣着不安全感的。

所以，很多时候，你在抵触情绪下的解释和沟通，对他们而言都是无效的。他们会敏感地捕捉到你的抵触和反感，并理解为那是对他们观念的攻击——安全感弱的父母大多都会如此敏感。由此，你们之间的不信任感可能还会加剧，并陷入恶性循环，陷入“囚徒困境”。

因此，在我看来，对你而言相对理性的做法是，停止任何抵触情绪下的解释和沟通。如果你爱他们，告诉他们你对他们的爱。当他们担心你的时候，给予他们信心。请他们相信你，然后，拿实际行动来证明这一点。

试着自己解决属于自己的问题，自己能做的事情，绝不要求父母去做。我想，如果你接受了父母儿女之间应该平等的观念，你也应该接受自己独立解决问题的想法。

这二者是不可分离的。若是你欠了父母太多，又怎么可能平等，又怎么好意思奢望被尊重?

这些都是增强他们安全感的具体举措，是给你们带来平等与尊重的基础。当他们发现儿子能独立处理好很多事情的时候，他们自然就会信任你，甚至依赖你。这，就是成长。

所以，摆在你面前的，实际上是一道选择题：

选A，那么父母将包办所有，你将被照料、被宠爱，你未来的房、车甚至小孩，你都不用太担心（只要他们经济能力允许）。而你要担心的，是你的独立、你的平等与尊重、你的自我实现。

选B，你有可能过上你想要的生活，有可能获得平等与尊重，你的父母也可能免于在对你不断的担心中度过晚年。但你也有可能会被现实一次次锤击，然后挫败，从此垂头丧气。

等你慢慢长大，你将会发现：现实的人生是一道道选择题，只是，与考试不同，没有人能为它们制定标准答案。

# 我们都是自我经验的囚徒

老师：

您好！

我是一名高三复读生，19周岁，与家里人的关系一直很微妙。

我家是一个四口之家，父母是个体老板，姐姐是研究生。别人羡慕我与家人互相逗趣，但其实我讨厌家里的每一个人，家里人也并不太喜欢我。

在老师和同学眼里，我是好学生，但是我有想法、有主见，并且不喜欢别人干涉我的学习生活计划。

父母一直用十分另类的方式管束我，姐姐性格善变且没原则。说说我的一些无奈经历吧。过年好不容易攒下的2 200元压岁钱被没收，还美其名曰“养你这么大，你该给我多少钱”；我假期前报名参加钢琴辅导班，开班时却发现早被我父母偷偷取消了，理由就是“不想让你报”；我想到外地上学，父母却用一些带有浓烈封建迷信色彩的故事告诉我为什么不能出远门，受过高等教育的姐姐竟然也随声附和；高考考得不好我想复读，父母却“义正辞严”地反对，甚至还动员亲戚过来劝我报一个二流大学，就连曾经支持我的姐姐也变了口气，反对我。

的确，作为一位个体老板善于使自身利益最大化是很合理的，但是将同样的思路用在教育孩子上，已成了一个青少年一生的阴影和挥之不去的噩梦；作为一个踏上社会的青年圆滑一点没什么过错，但是将同样的方式用于她的亲弟弟，已让我感受到了绝望。

每次回想以前的事，我都气愤得无法排解。我按初中课本教的办法把这些写进日记，可每次看见却只是加深负面情绪。

因为自己没调整好心态，我今年高考失利了。在考场上，这些事一直在我脑子里翻滚。复读班开学后我还是没调整好。这些痛苦的回忆把我弄得乱七八糟，甚至有时做着题都感觉气愤，还会无力地哭，做题正确率可想而知，也是一团糟……我真的不能再像今年高考那样的状态了！我还要生活！

这个家已经快毁灭我了，我已经彻底绝望了。

我渴望追逐我的梦想，渴望潜心进入科研世界寻找生命的归宿，更为必要的是，我渴望摆脱这只魔掌。

老师，我应该怎么做才能调整过来？

我在哪些方面犯了我现在无法理解的认知错误了吗？

见信好！

“人性中一些问题是没法用沟通来解决的。”

我喜欢这句话，虽然很多时候我们并不愿意承认这点。每当有小孩在随笔中吐槽他们父母种种不是的时候，我总是习惯性地让他们多交流、多沟通：

“无论你再怎么不愿承认，他们都是这个世界上最在乎你的人，也是到目前为止给你提供最多帮助的人……”

“有的时候我们的确会讨厌父母——我们总是容易讨厌身边熟悉的东西、熟悉的人，反而对遥远的东西充满了幻想……”

我总是这么告诉他们，有时候起到的效果也不错。

但我想，这样的话好像并不适合现在的你。而且，现在的我也知道，有的时候，那样的话语其实是在模糊问题与冲突，对于处于弱势的一方强调沟通与交流，实质上只是告诉他们要听话而已。

当然，大多数时候，我们告诉小孩听话没什么不对，因为相比小孩而言，无论经验还是能力，父母都要更胜一筹。但不能否认在相当多的情况下，父母的做法本身也有问题：比如说过年好不容易攒下的 2 200 元压岁钱被没收，还美其名曰“养你这么大，你该给我多少钱”；比如说假期前报名参加钢琴辅导班，开班时却发现早被父母偷偷取消了，理由就是“不想让你报”；更别说用带有浓烈封建迷信色彩的故事告诉你不能出远门……

这样的事情，你当然应该和他们沟通，当然应该告诉他们：你们这样做不对。或许你的确那么努力地做过，但还是被“义正辞严”地反对和否决，否则你也不会来信吐槽。

有些问题是没办法通过沟通来解决的，而且所谓的要沟通、要交流之类的话，本应是说给强势的一方听的。

所以，一直到现在，我都没有认为你的看法有什么的问题，也不觉得你犯了什么自己没有意识到的认知错误。甚至，我还觉得你以下的一段话具备敏锐的洞察力。

“的确，作为一位个体老板善于使自身利益最大化是很合理的，但是将同样的思路用在教育孩子上，已成了一个青少年一生的阴影和挥之不去的噩梦；作为一个踏上社会的青年圆滑一点没什么过错，但是将同样的方式用于她的亲弟弟，已让我感受到了绝望。”

这段话让我想起了美国著名广播电视记者爱德华·默罗的一句经典名言。这句话是这么说的：“每个人都是自我经验的囚徒。”

是啊，我们都是自我经验的囚徒，我们会把经历过的东西，把习惯了的事物当作理所当然。可能正是因为这样，你的父亲才以个体老板的经验来对待你，而你的姐姐也同样如此。

我想，默罗之所以用了“囚徒”这样的词，是因为洞察人性的他肯定察觉到，普通人是难以跳出“自我经验”的桎梏来看待问题的。

所以，在那句话之后，默罗还说：“没有人可以消除偏见——只能去认识它们。”

如果真是如此，如果真的没有人可以消除偏见，那么在这件事情上，你应该理解你的父亲和你的姐姐，他们只不过是被自我经验束缚而已。没有足够经历的他们，没有广泛涉猎和学习的他们，怎么能理解你当下的心情，又怎么能跳出自我经验来思考问题？

他们之所以那么看，只是出于理所当然，若是跳出自我经验来对待你，反倒有些不正常。

既然了解到这样的观念，我们不妨对自己也提出问题：我是否是自我经验的囚徒？我是否也在被自我经验束缚？

坦白讲，你后面的一些看法的确有一些问题，那不仅束缚于自我经验，而且毫无理由。比如说，你将复读开学时的状态不好归因为家人留给你的痛苦回忆，就连做题的正确率低，也归因为他们的影响，甚至觉得这个家毁了你，对这个家彻底失望，将你的家称为“魔掌”。

孩子，除了你自己，没人能够摧毁你。更何况，即便家人会动用你的压岁钱和辅导班的学费，即便他们有时候的看法和你不一致，甚至有不好的地方，但我可以确定的是，他们绝不会想摧毁你，你的家更不是什么“魔掌”。

读书的状态不好，这的确让人沮丧；做题正确率低，这也叫人挫败，特别是在鼓起一腔热血想要证明给别人看的时候。但我实在无法从你的家人对你的态度中，找到二者之间的必然联系。有的时候，我们不但是自我经验的囚徒，还习惯性地将自身的问题与责任推到其他人身上。

“你的作业为什么做得这么差？”

“因为昨天天气不好。”

如果老师和学生有上面这样的问答，我们会觉得是笑话。成语“怨天尤人”里的“怨天”，大概指的就是这个。

“你做题正确率为什么这么低？”

“因为我爸没收了我的压岁钱……”

这大概就是“尤人”，与“怨天”一样无稽。相信一心想进入科研世界的你，一定明白这二者是没有因果关系的，甚至与你前面所提到的很多事情，都没有直接的联系。

所以，你的当务之急，就是调整好自己的状态。复读其实是一个漫长的过程，刚开始状态不好，真的不能说明什么。只要不怨天、不尤人，你肯定能找到你做题正确率低的症结，然后调整好状态，提高自己做题的正确率。

追逐你的梦想，潜心进入科研世界，直到找到你生命的归宿吧！

等你真的做到这一点，一定不会再觉得家人对你的影响是一只“魔掌”。

“每个人都是自我经验的囚徒，没有人可以消除偏见——只能去认识它们。”

我认可爱德华·默罗的前半句，但我坚信人们在一定程度上是可以消除偏见的，前提是你足够理性，有足够的同理心。

只是，理性和同理心的获得，也是需要经历的。

## 我不想吓唬你，坐在你右边的人是个骗子

老师：

您好！

同事的儿子处于青春期，偶尔会撒一些谎。打个比方，在吃饭时，他把不喜欢的菜给父母吃，但是不会直接说，而是找个借口来掩盖他不喜欢吃这个菜的本意。他的这种行为，是否是耍心机的一种表现？

就如昨天刚刚发生的事，他拿着手机进了卫生间，他妈妈看见以后就问他是否在玩手机，他就跑进自己房间拿了本书，说没拿手机，只是看书。后来他从卫生间出来，书还在里面，他妈妈就故意打他手机，在他口袋里的手机响了起来。他妈妈进卫生间，看见书

在那里，问他是怎么回事，他就说书是特意为他妈妈拿的，知道他妈妈要看。

他妈妈就是想问问老师，他的这种行为是否远远比撒谎还严重？希望能得到老师的指点，谢谢！

见信好！

你的来信，让我想起以前看过的一则 TED（技术、娱乐、设计）演讲。

“我不想吓唬你，但我刚刚发现，坐在你右边的人是个骗子。”

这是《识破谎言》的作者帕米拉·梅尔演讲时的开篇语，她顿了顿，继续道：“而且，坐在你左边的人也是个骗子。坐在你位置上的那个人也是个骗子。我们都是骗子。”

研究表明，“每一天，都有人对我们说 10 到 200 次谎言”。也就是说，出于各种各样的原因，我们生活在一个谎言的世界中。我们每天都在面对谎言，同时也是谎言的制造者。

当然，有的谎言可能出于善意，有的可能无伤大雅，有的谎言的确是充满了恶意，而有的时候我们自己都不知道为什么会撒谎。

我想，我们还是在这样的前提下讨论小孩的撒谎问题比较好。

一次偶然的机会，我见到一个朋友对他的儿子发火，他将他读小学的儿子逼在角落里严厉训斥，他儿子可能刚刚被打过，脸上满是泪水。

我的这个朋友大概是我见过的最愿意在孩子身上花功夫的父亲：陪儿子跑步，陪儿子骑车，每天晚上给儿子读小说，教儿子编程，和他一起组装机器人……但凡儿子想去一个地方，他都会想尽办法带他去。他的收入并不高，却会为儿子买价值不菲的天文望远镜。

我问他为什么这么生气。

“他撒谎！”说这句话的时候他仍然愤怒，就像他的儿子犯了不可饶恕的错误一样。

我想，大概你的朋友遇到小孩撒谎的情况时，也产生了与我的这位朋友类似的感觉。

在绝大多数父母眼中，孩子撒谎的确是很大的错误，即使我们自己也会因为各种原因而制造谎言。

记得武志红老师曾在一篇文章中提到过这样的一种观点：所有孩子的问题，都是父母与孩子的共谋。不是原话，大意如此。基于父母是这场共谋的主导者，我想还是先来分析一下父母发现小孩撒谎时的反应——我的那位朋友的愤怒和你朋友的担心。你在来信中写道：他的这种行为是否远远比撒谎还要严重？

从心理学的角度来讲，大多数愤怒或焦虑的情绪，都跟安全感相关。事实上，在家庭生活中，父母往往是绝对的掌控者。不光父母对孩子如此，在家庭领域里，夫妻双方经过多年的磨合，往往也会拥有各自有着控制力的领域。而小孩在成长过程中，特别是青春期的小孩，时不时会对父母控制的领域造成冲击和影响。而当这样的领域受到冲击，父母发现有的事情不在自己的掌控之中，或者被刻意隐瞒（也就是被骗）后，便觉得不再安全，从而产生愤怒或是焦虑。

在你朋友儿子的案例中，他遇到自己不喜欢吃的菜不直接说，而是找借口来掩盖本意，这样的谎言其实和恶意并不相关。类似的事情几乎每天都在成年人身上发生，有的时候我们甚至会觉得是来自他人的善意（直接说不喜欢吃，大概会伤害到做菜的人吧）。但作为母亲，却为这样的事情感到担心——这显然是双重标准，明显对自己的孩子有更多的要求。

那么，我们再从小孩身上来分析“撒谎”（其实我不大喜欢用这个词，它的感情色彩太强）。在婴幼儿时期，小孩就会出于本能学习一切他可以学习的本领。对那个时期的小孩来说，万事并无善、恶之分，只有是否有效的差别。从这个角度来讲，小孩撒谎不可避免，甚至连一岁不到的小孩都会通过假哭来吸引父母的注意，所以这很正常。当然，我们能通过教育对其行为进行纠正，让他明白，很多时候撒谎是不好的。小孩眼中所谓“善、恶、好、坏”这样的概念，也是我们在他们成长的过程中，不断教育所造成的结果。

但是，你朋友的小孩，明显已经过了这个时期，他理应知道撒谎是错的，但为什么还是会那么做呢？而且，几乎所有父母、教师，甚至大多数书籍都在反复告诫小孩不要撒谎，为什么仍然有那么多小孩撒谎呢？

那是因为小孩成长到了一定时期，说教将不再有效。他们在成长的过程中，已经开始试着观察成人掩藏在语言背后的复杂行为，理解成人许多言语后的言不由衷。既然每个成年人每天都面临着 10 到 200 次的谎言，那么他们怎么可能不被影响，不被言传身教，怎么可能不撒谎？

所以，遇到小孩撒谎的情况，先别急着愤怒，或是焦虑（当然，控制情绪从来都不是一件容易的事情），先去思考自己为什么愤怒或焦虑，是小孩的谎言真的充满了恶意，会造成严重后果？还是因为自己的安全感受到了冲击？

当然，若是小孩的谎言明显过多，那么还是得思考自己的教育问题。自己有没有为小孩说真话创造条件？比如说，自己是否有过因为小孩的坦白而惩罚他？是否对某些看似合理但经不起推敲的事情视而不见？是否经常坦诚地跟小孩沟通自己的真实感受？有没有觉得有的话题不适宜小孩知道而故意制造谎言？……安全感对于每个人来讲，都是很重要的，对小孩更是如此。如果相比撒谎，选择诚实所付出的代价更大，为什么还要选择诚实？

对于这一点，我倾向于认为责任在家庭的主导者一方：如果小孩不能诚实，那应该是父母没有创造让小孩诚实的环境。

当然，这其实也是一种选择——你是否希望小孩成为那种非常坦白的人？人坦白到一定程度，是足以让人畏惧的。

所以，从这个角度来讲，若是小孩的谎言不是出于恶意，那么理应选择宽容。若是想创造属于母子或是父子之间的坦诚相见，那么无论对其他人如何言不由衷，也一定要试着对自己的孩子足够坦诚。

有的时候，你甚至应该去试着观察自己，去反省什么时候、什么情况下自己会撒谎。那样，你可能更理解言不由衷的孩子。

人本主义心理学大师罗杰斯曾经说过："爱是深深的理解和接受。"

我深以为然。

# 这个世界，和他们说的不同

老师：

您好！

请允许我依然叫您一声“老师”，虽然我已经是过了而立之年的成年人。困扰我长达十余年的问题起源于我的高中时代，期望您会读我的信，不吝给我一些帮助。

我是那种从小学到高中学习都特别好的学生，次次考试年级前三名，是学校老师眼中考清华、北大的不二人选。

到高二堕落之前，其实我已经硬撑了很久。初中的时候我发觉很多年级里比较美的女孩子开始有男生追求，表面上我对这种现象的看法是“这不是该有的行为，他们是坏孩子”，可心底里是羡慕的。

从初二开始，我开始不长个头，几乎成了全班最矮的女生。而且，我穿的衣服一点儿都不时髦。下课十分钟我也在学习，除了别人问我问题，我很少跟人讲话，和我玩的小伙伴看偶像剧、追偶像，和我越来越没有话题，于是渐渐疏远。到高二的时候，我发现没有人喜欢我，大家背后说我的坏话不断从一两个坐得近的同学口中传来，在各种班级活动中，我也屡遭孤立。发现这些以后，我跟父母说，父母却说是我太优秀才遭到嫉妒。

开始我还深信不疑，可渐渐地，我发现成绩接近我的人，却很受同学们欢迎。他们过生日会收到大家的礼物，会一起出去聚餐，圣诞节的时候还会一起游园。面对这种情况，我越来越稳不住自己了。

尤其是老师偏爱一名与我竞争激烈的学生，虽然她大多数时候考不过我，但她家里和老师保持着很好的关系。十三四岁的我想不明白，也无法理解，勤奋学习的信念渐渐动摇了。

当时高中文理分班后，新来的班主任很想做出成绩，下课就在课堂里转，并经常指着我对班里同学说“看她学习多努力，你们就知道玩”之类的话。因此大家很反感我，以至于我每次下课坐在教室里都手足无措。还有家长会，老师越表扬我，我就越成为大家的公敌。加上身高、外貌带来的自卑，我越来越无法静心学习。在高三最后的日子里，我的成绩一落千丈。更可怕的是，似乎从那时候起，我的自信心就丢失了，更不要说如何实现曾经的宏伟理想了。

高中毕业后到现在，正好 12 年。这 12 年里，我过得很不快乐。

我患上了“社交恐惧症”，与人接触要么太做作，要么太巴结，要么太谨小慎微。总之，每一次与人接触，都是我的煎熬，需要反复给自己鼓劲。谈恋爱不自信，交友也不自信，该轻松愉快的场合，我总是一副严肃吓人的样子。

我现在面临难度很高的挑战——在美国找工作。可是我每天能做正事的时间只有两三个小时，我感到一种难以抗拒的疲惫。哀莫大于心死，我真的很害怕自己会心灰意冷。我每天从各个角度激励自己：父母需要我、自己的未来不要跟别人比较……可是我内心深处总是觉得，无论我怎么努力，都不会有一个美好的未来在等我。

高三的时候，我花了很多时间和精力去帮助的一个朋友，与我绝交了；去年，我的另一个朋友也与我绝交了。我想了很多，既觉得别人有不对的地方，也认为自己有问题，我好像与谁都无法正常相处！我觉得自己是个怪物！

我需要激励自己去完成越来越紧迫的找工作的目标，可是我心里和高三时一样，明知什么要紧，却很难提得起做正事的劲儿。于是我一面焦急，一面更加拖延。6 年前考研时，我鼓励自己，考上了就是美好的明天。可是如今，我却更加压抑、消极，我不认为找到了工作，人生就能美好一点。

谢谢您读我的信。12 年的感受，在这么短的篇幅里很难述尽，希望能获得您的帮助。

见信好！

你的来信，给了我很大的震撼。作为教育者，也作为学生时代一直羡慕学霸的普通学生，我学习普通、表现普通，偶尔也会考得不错，但大多数时候都生活在自己的世界里，会犯普通学生会犯的错。当然，许多方面也有自己的问题，但大体而言，学生时代的我不大引人关注。所以我每次听到那些传说中“学霸”的故事，总觉得他们好厉害。

有的时候也想，如果自己能像他们那么厉害就好了，但多数情况下也就想想而已；也有想过疯狂地努力一番试试，但真的要付诸实践的时候却总给自己找各种借口，总是刚走出大门就折返而回。

然后，我就在这种对“学霸”的艳羡中走完了中学时代，考的大学自然也不值一提。因为学习成绩而造成的鸿沟（说来惭愧，我在中学里一直没读过“快班”），我也没有过“学霸”朋友，时至今日，我都不曾了解过“学霸”们的真实想法。虽然内心里也知道每个人都会有自己的问题，但还是固执地认为，“学霸”们的世界一定是阳光多于阴霾的。

做了老师之后，我得以从旁观者的角度观察学生的世界，这才发现，所谓的“学霸”也好，“学渣”也好，普通学生也好，每个人都不尽相同。所遭遇的阳光或是阴霾，并不会因为他们的学习成绩好坏而有所变化。垂头丧气、一身毛病的“学渣”固然会遭遇不少阴霾，封闭了内心且负重而行的“学霸”也会遭遇颇多。

到了这个时候，我才慢慢明白：一个人过得怎样，是否健康快乐，和他的学习成绩是没有必然关系的——当然，那种特别在乎他人眼光，特别在意老师眼光的学生除外。因为当下教育体制下的评价方式，依然还是将学习成绩放在第一位，无论对老师的评价还是对学生的评价都是如此。

但若是不受这个影响，或是内心强大一点，学习成绩并不足以决定学生的幸福感。既然如此，他人评价里的所谓“成功”——金钱、地位、名望，大概也不足以决定一个人的幸福感的多寡。

事实上，许多积极心理学的研究结果，都证实了这一点。

只是明白这一点的时候，我们都已经长大。时光流逝，许多东西已经无法再挽回，许多机会已经悄然消逝，原本期望的“好好学习，就能拥有完美人生”的想法，也被现实击得粉碎。

时至今日，周围仍有不少老师经常这样训学生：“你现在不好好学习，以后怎么办？”

搞得好像现在好好学习，以后就能怎么样似的。

或者是语重心长地说：“现在好好读书，以后找个好工作……”

好好学习，未必能找到好工作。而且即便这二者真的成正比，也不见得就能拥有美好的人生。每当我听到这样的话语的时候，我都会想象一番：拥有一份好工作的人，将会过着一种怎样的生活？

在我想象的各色场景中，没有一种让我心生羡慕，让我觉得我的人生能够像那样就好了。与其被这样教训，还不如告诉我好好学习就能上清华、北大——相比“找到好工作”这样空泛的话，这样的“小目标”倒是让我觉得更实际一些。

只是我的成绩太普通，从没有一个老师让我定过那样的“小目标”。在他们眼里，我能考上大学，就已经是上天的眷顾了。

“高中毕业后到现在，正好12年。这12年里，我过得很不快乐。我患上了‘社交恐惧症’，与人接触要么太做作，要么太巴结，要么太谨小慎微。总之，每一次与人接触，都是我的煎熬，需要反复给自己鼓劲。”

这是你来信中的话语。对这一点，我大概会比其他读者有更深的感受。因为从初中开始，我也如你一样过得很不快乐，开始有了“社交恐惧”。

“与人接触要么太做作，要么太巴结，要么太谨小慎微”这样的话语，没有过那种现实不堪并反复挣扎的经历，是很难写得出来的。我的社交恐惧，体现为异性交往恐惧和人群恐惧，并且从我上中学开始，一直延续到我大学结束。

这段经历，我在《读大学的意义》一文中有过记录。在那篇文章中，还有这样的一段记述，我姑且摘抄在下面，或许对你会有帮助：

“进入大学的很长一段时间里，青春期所伴随我的问题依然伴随，异性交往恐惧和人群恐惧丝毫不见好转。

“但是，从中学那个混沌的环境里出来的我，已经开始明确地关注到自身的问题所在。我有意识地想要纠正它、克服它，乃至战胜它、消除它。只是无论我如何努力，它却仍然不时地在我身上发出声声冷笑。

“大二下学期，在校外的书店里，我信手拿起了一本老版本的《挪威的森林》。

“那是一本奇怪的书，语言直入人心，情节不合常理，里面人物的所思所想也相当奇怪。

“但我喜欢它。在阅读的时候，我明确地接收到作者传达过来的信息：在这个世界上，很多人的身上，都带着林林总总的伤害，都有着形形色色的问题。但他们却依然能够活在这个世界上，坚定地、安之若素地与自己的问题相伴。”

从那之后的大学期间，我几乎找来了村上春树写的所有书。那是我第一次对某个具体的人的作品那样痴迷，我一遍遍地阅读着他的文字，并在那样的过程中，感受到了巨大的慰藉。

阅读是一个漫长的过程，真正理解书中的文字则更加漫长。此后，我受到了阅读的巨大影响。我开始听披头士和鲍勃·迪伦，开始读菲茨杰拉德的《了不起的盖茨比》（虽然那个时候也搞不懂盖茨比为什么了不起），甚至开始学着他的模样写小说。后来，我一边阅读村上春树的《当我谈跑步时我谈些什么》，一边开始跑步。

然后，我一不小心就跑到了现在。

我并不崇拜村上春树。有些时候，我在微博里瞥见被人引用滥了的他的只言片语，还在想：那真是村上春树的语言吗？

但是，那是第一个让我感受到“我希望拥有那样的人生”的人——自由，温暖，才华横溢而又脚踏实地。

虽然我知道，我没有他那样的才华和机会，也没可能成为他。

记得大学体能1 000米测试的时候，我在全班男生中跑了倒数第二。那种竭尽了全力，挥汗如雨，呼吸急促到头晕目眩，却仍然被他人远远甩在后面的感觉，我到现在还记得。彼时彼刻，还有班级女生在旁边呐喊助威。

那是现在的我跑完全程马拉松都不曾有过的感觉。

写这些，并不是向你推荐村上春树。这个世界上的人林林总总，各式各样，有多少人，便会有多少种人生。我想你一定也有内心里想成为的那种人，一定会有人在某些方面与你感受相似，并能够打动你、影响你，从而唤醒深藏在你内心里的希望与梦想。

从小到大，我们被无数的人耳提面命着“你要怎么做”，包括父母，老师，周围的长辈，书上的某个大人物。为了得到他们的认可，年龄尚小、经历不足的我们，会一直向着他们希望的方向努力。但在慢慢长大的过程中，你一定会发现，这个世界和他们说的并不完全相同。每个人都在按自己的方式来理解这个世界，而客观世界在每个人头脑中形成的印象，一定是各式各样的。按照他们给的方式去努力生活，总有一天会与自己内心的想法产生冲突。冲突到严重的地步，是会造成内心崩溃的。

既然如此，有的时候倒不如不要那么听话，不如叛逆一点，多观察自己的内心。与其遵从他人的希望，还不如相信自己的判断。归根到底，为我们这一生负责的，不是父母，不是老师，而是自己。

所有他人的话语，都只能是我们人生的参考，无论他们的头衔多高，无论他们以哪种爱为名。

所以，别再试图和他人做比较，无论是学习成绩，还是当下的现状。去面对你的内心，去发现自我、实现自我，去成为那个你一直想成为的人。去跑步，去明白，或许我们没办法超过这个世界上的很多人，但我们仍然可以向前，仍然可以取得属于我们自己的进步。

我想，优秀的你一定能明白这个道理，然后活出自我。

# 后来，我们还是变成那个自己曾经讨厌的人

老师：

您好！

看过您的很多文章，有不少都对我很有启发。我以前也当过一段时间的小学老师，因为经验不足，性格中也有许多简单粗暴的成分，后来就自己主动辞职了。

现在，我成了母亲。

该怎么描述自己的问题呢？简单来说，就是我在孩子成长的过程中，看到了一个小小的自己。

我小时候因为成绩差，经常被父母打骂。最让我无法释怀的是，母亲总是嘲讽我“笨”，而且她列举的事实，好像也的确证明了我

的“笨”。一直以来我都不敢测智商，生怕自己真的笨。所以，我一直觉得，自己有了孩子，一定不会因为成绩的问题而打骂孩子，不会像我母亲当初对待我一样对待他。我以为自己不会！

可实际上，我却成为了自己当初发誓不愿意变成的人。

对儿子，我动辄打骂，发狠的时候，甚至有种疯狂的念头：掐死他算了！我察觉到自己心理异常，也去做过心理咨询和疏导，在那之后便找到了问题出在自己的原生家庭。

问题是，我知道问题在哪里，我可以控制自己不去打孩子，却无法根除自己心中残暴的念头。为避免对孩子的伤害，我在暴露之初就会赶紧离开，让老公上手，实在不行了，就躲出去，眼不见心不烦。

可是，这样真的好吗？我能感受到的，是孩子学不会、自己也不知道该怎么办的无能。一件简单的事情，无数次地教他，他还是会犯错。我真的害怕他会像我一样，一事无成。

我知道这样的心态，按照现代的教育理念是不正常的。我可以控制住自己不向孩子倾泻怒火，让自己不像母亲当初对我一样口不择言、肆意侮辱，可是根子却还在心里。闭口不言，不代表我心里没有过咒骂；握紧双手，不代表我没有起过暴打孩子一顿的念头。

那么，这样不完美且焦虑的我，该如何教出一个好孩子？

见信好！

“可实际上，我却成为了自己当初发誓不愿意变成的人。”

这是你来信中的话语。

感谢你的坦诚和对我的信任，在来信中如此痛彻心扉地反省自己，并毫不保留地写出这些。

其实你不用那么自责，因为现实中大多数的我们，到后来都会变成我们最讨厌的那类人。

当然，前提是如果我们不努力去面对自己的潜意识，不努力面对原生家庭带给自己的那些问题。

小的时候被冷落，成年后会很难与他人建立起良好的亲密关系；小的时候被家暴，成年后有很大概率会成为施暴者；小的时候被性侵，成年后也有很大概率会对性产生偏激的看法，甚至行为——心理学上无数的案例和研究都证实了这一点。

有的时候，你甚至会觉得原生家庭如同烙在每个人身上的命运印记，它阴暗、沉重、深入骨髓，如同宿命般控制着你——控制着你的思想、你的行为，然后掌控你的命运。

“人都是自我经验的囚徒，没有人能够例外。”而且许多因为经验而造成的枷锁，你没办法单纯地通过思考和理性来打破。

好在人们意识到了这些，意识到作为个体的自我经验的局限。而人的社会性能够帮助人们去解决自我经验的不足，人们分享，并感受和思考、猜想和验证，然后再分享……正是通过这样不断努力的过程，人们一次又一次弥补自身经验的不足，打破了一个又一个自我经验的枷锁。

从弗洛伊德提出“无意识”开始，人们就开始从群体的角度关注潜意识领域对人的影响，并勇敢地努力面对，甚至改变那些影响。

所以，你发现了自己问题的根源，知道了症结所在——而这些，都来自人们对自我经验的反思和分享。我相信，当你明白你对孩子的“暴虐”（原谅我用这样的词）根源于你的原生家庭的时候，你想必早已恍然大悟，甚至内心闪过一丝庆幸：原来这不是我的问题，是他们的错。

你认为症结已经解开，从此之后的人生便豁然开朗，然后能够心平气和地面对你的孩子，能够不用对他们那么“暴虐”——不会动辄打骂，更不会想着掐死他。其实我真的很佩服你能这么勇敢地面对自己的问题，坦白说，这可能是当下大多数人都不能做到的。

遗憾的是，许多东西并不是单靠勇敢面对就能解决的。找到问题并面对问题，只是解决问题的第一步。虽然你知道了症结所在，并进行了心理疏导，但实际上并没有得到相应的解决方案。或许你的心理咨询师已经告诉过你，但是被你忽略了——人们总是容易听到他们愿意听到的东西。

在我看来，当下你有两个问题亟待正视。当然，下面我要说的话也并不能给你提供具体的解决方案。但是，若是你能做到这一点，我想你的问题大概可以得到解决。

首先，现在的你如何看待你的父母当年对你的打骂和对你“笨”的嘲讽。这一点至关重要。如果你做不到和你的父母和解，特别是不能和你的那段岁月和解，那么，你将不能原谅那个时候的自己。

认识到你父母的错误，并不是让你去恨他们，甚至也不是让你去责怪他们。而是让你明白，当年的那些，是他们错了——百分之百、彻头彻尾地错了，没有借口，没有原因，与你毫不相关！

然后，原谅他们的错误！

我知道这很难。但我相信，如果你能了解他们的童年，了解他们的原生家庭所带给他们的那些东西，你一定能够原谅他们——就像原谅你自己一样。

对的，之所以要做到这些，只是为了让你原谅自己，让你能与自己和解。

从而更进一步：学会爱你自己。

遗憾的是，从你的来信当中我发现，你虽然意识到那并不是你的错，但你从未真正地原谅自己，从未与真实的自我达成和解。

相反，你一直对自己不满意，你的潜意识层面仍然不认为那是你父母的错。你说你被父母打骂，是因为“成绩”；你很担心自己真的“笨”，并对此无法释怀，连测智商都不敢——在你的潜意识里，你仍然认为自己不够优秀、自己“笨”才导致了父母对你的打骂。

其实，无论你笨或是不笨，成绩是好还是不好，优秀或者不优秀，你都值得被爱，都值得被好好对待。

在这个世界上，数学不好的人有很多，逻辑思维不好的人也有很多，粗枝大叶的人可能更多……每个人都是各种优点与缺点的组合体，若是单纯因为某几个缺点就对他粗暴以待，那么这个世界上一定没人值得被爱，也没人值得被好好对待。

在你的来信里，我感受到了你内心里的那个自我：孱弱，自卑，常常被打击——内心里，你一定经常自我批评吧？很多时候，你都觉得自己做得不够好吧？某件事做得不对，你便会自责、愧疚不已吧？若是影响到他人，你还会不停地道歉吧？……

你有没有觉得内心里那个孱弱的自我，像极了你现在的小孩？所有你对内心自我的粗暴以待，到后来都映射到你的孩子身上：你自己的数学不好，便恐慌孩子的数学不好；看到孩子丢三落四，便觉得那像极了自己；孩子若是没能察觉事物之间的联系，就会联想到是不是自己逻辑思维弱，甚至还会在内心担心他像自己当年一样“笨”……

相信我，你不笨！能够自我解剖，并写下这封信的人，一定不会笨，逻辑思维也不会弱。

接受有缺点的自我，并爱有缺点的自我！你得明白，没有人能做到完美，没有人能让所有人满意。你也没有办法做到完美，你能做到的，只有做自己。

你如何对待内心里的那个自我，便会如何对待你现在的孩子。不抛弃你对自我的那些不切实际的完美期望，不与自我达成和解，你也将无法接受你那有缺点的孩子。

爱他人是有前提的，那就是爱自己。

只是，爱自己也有前提。

“除非你被人爱过，现在也有人爱你，否则你不会爱自己。爱的能力是无法独自建立起来的。”

布鲁斯·D·佩里是美国的一位儿童心理咨询师，上面这句话出自他的诊疗笔记《登天之梯》。另外，那里面记录了他诊疗的一些案例——都是一些非常宝贵的经验。

相信现在的你，一定有人爱着你——你的丈夫，你的孩子，你的父母。去感受生活当中那些爱的细节，特别是来自孩子对你的依恋、信任吧……

别试图控制你的孩子——没有人能够真的做到这个。控制欲是所有关系的大忌。

“人都是自我经验的囚徒，没有例外。”对于“爱”这样高深的东西，更是如此。

第四章 | CHAPTER FOUR |

# 重生：心知道答案

# 所有被跨越的苦难，都将被你轻描淡写

这是我第一次向他人袒露自己的心声，其中夹杂着太多负面的情感，如果打扰到您，望请见谅。

在我满月没多久，我唯一的亲姐姐便在门前的河边溺水而死（这些事情是我后来听大人们所说）。在老家上幼儿园时，爸爸主要务农，还收废品。他很疼我，但唯一不好的就是喜欢赌，而且基本是天天赌。

夜晚的农村，河水流淌的声音和昆虫青蛙的叫声，总是让我格外害怕。我曾经恳求过爸爸，让他多陪陪我，少去打麻将，但他却充耳不闻。而我也许是害怕独处的夜晚，天天晚上都跟着他去，他打麻将，我就在一旁坐着，每次我都会坐着睡着，等他摇醒我基本就是他散场的时候。也许是因为耳濡目染，麻将、二十一点、三公、跑得快这些我都会。但我也很痛恨这些，因为爸爸为了赌博，连陪我也不愿意。

在我十二虚岁那年，爸爸得了癌症。那时我真的好害怕，天天朝着太阳升起的地方祈祷爸爸能早日康复。可他的病情还是不断恶化。有一天，妈妈把我拉到一边，说爸爸的病治不好了。后来爸爸单独把我叫到床前，问他的病还能不能治好，我当时顺口说治不好了。我不知道爸爸当时的心情如何，但后来我觉得他应该很伤心，连自己的亲生儿子也这么说，还会有什么希望呢？每当我想起这件事，我就特别后悔。

葬礼过后，我无意间听到奶奶说是我害死爸爸的，说是我几年前把我们家借给邻居家做丧事用的布放在了灶台上才害死爸爸的。我记得当时邻居家还布的时候，只有我一个人在家，我不知道放哪里好就随手把它放在了灶台上。我真的很伤心，我怎么会害死爸爸！可委屈只能憋在心里，不知道该如何诉说。从那时起，我便有了自杀的念头。

姐姐在我满月没多久就溺水而死，爸爸也离我而去。我觉得自己就是个祸害，总想着去陪他们。奶奶对我又不好，而且她更疼她两个外孙。后来母亲在姑父的介绍下改嫁到几公里外的镇上，我也跟着过去。

继父刚开始对我还好，但后来就不怎么样了，而且继父跟妈妈的感情也不好。有一次下午放学后，因为我没做饭，他说了一句至今都让我无法忘记的话：“信不信我把你赶走？”当时我真的好伤心，原来我就是个没人要的孩子，在两边都不受人待见。我上学的地点每个学期都在改。继父还帮我取了另一个名字，很多时候别人问我名字时，我都不知道该回答哪一个。

我想做很多事情，但往往因为拖拉、懒惰、没有恒心，致使事事无成。我很痛恨这样的自己，每次想改变但只能坚持一阵子，过段时间又变回原形。我心情低落的时候，自杀心理特别强烈，而且会去想该怎么死。

现在的家庭关系应该说是“无声”，每次回去除了喊他们“爸妈”以外，其他的话题少之又少。每次我都想改变这种情况，但话到喉咙又好像被卡住了一样。

以上来源于我生活中的某些部分，杂乱无章，莫见怪。另外，谢谢您让我写出来，我的心情舒畅多了。

见信好！

我有一个好朋友，很多时候我们都能做到无话不谈。有一次，我在他的空间里，发现了这样一篇日志，姑且将前几段贴在下面：

《救赎二》

忽然想起一件事情，大概发生在一年之前。

那个早上，我们正行驶在上班的途中，老婆说起昨天看到的一则新闻，一个高三的孩子跳楼自杀了。

我想了一会儿，忽然问道："你高中的时候，有没有想过自杀？"

"没有。"她笑，"我高中的时候，过得稀里糊涂。你呢？"

我没有说话，车辆继续行驶。

沉默了一会儿，我看着马路，忽然说："我大概设计过不下十种自杀的方法。"

她握了握我放在变速杆上的手，说："你的父母，也太……"

"不完全怪他们啦。"我说，当时已到了通常停车的路口，红灯。我笑说："有一种方法还挺有意思，下次告诉你。"

然后，转弯，我将车停在路边，下车去买早饭。她也下车，走向公交车站……

后来，我并没有告诉她我那个时候所设计的自杀方式，但是，那些尘封的、我原本以为被忘掉的记忆，却再次被唤醒了……

我之所以在这里贴出这样一篇日志，是想告诉你，和你一样，我的这位朋友也有过自杀的想法。而且据我所知，这样的想法，周围不少人都曾有过。

看你来信的时候，我在猜想你当下的年龄，想象你的童年和你当下正在经历的痛苦与迷茫：亲人一次又一次突然离去，奶奶毫无道理的归罪，在新家庭里不被接受……这些，或许还要远甚于我那位朋友当年所遭受到的痛苦。我完全能理解在那样的痛苦下，你内心里的感受，乃至于产生自杀的想法。

是啊，当下这么痛苦，而未来又看不到希望，真的不如就此结束好了。

但请相信我，当某一天你跨越那些痛苦之后，你会发现，所有的这些，都将成为你人生的一部分，是属于你的经历，是你之所以成为你的地方。再次回想，你必定不会再这么难过和悲痛。所有被跨越的苦难，都将被你轻描淡写。等那一天到来的时候，就是你真正长大、强大的时候。

或许你认为上面的话太过鸡汤，或许你也曾看到不少心理学相关的文章有过类似的观点：充满关爱的环境能使人更好地成长，而不幸的童年往往会给人带来一生的残缺……

是的，很多时候的确如此。

但是同时，心理学当中还有一个词，叫“心理弹性（resilience）”。这个词本属物理学词汇，后来被引用到心理学领域，因为它形象地表现了某些情境下某些人的心理特质。

1989年，美国心理学家沃纳根据在夏威夷进行的三十年的追踪研究提出，大约有三分之一的高危（长期贫困、家庭破裂、家庭暴力、父母有精神问题或抚养环境恶劣等）儿童顺利度过了童年期和青春期，他们不但没有表现出严重的学习和行为问题，反而很好地适应了家庭和学校生活，实现了教育和职业上的目标。

有心理学家比喻性地把“心理弹性”描述为“能够弯下来没有折断，以及一旦弯下来能重新恢复的能力”。后来，当我在看一篇介绍心理弹性的文章的时候，我联想到我的那位朋友。与我无话不谈的他，曾告诉过我他成长期的那些经历，以及他的那些关于自杀的幻想。

通过他的经历，我明白了成长期中的有些遭遇虽然难以忍受，有的甚至堪称苦难，但那些没有将他击倒的，到最后都使他更加坚强。

所以，我也希望当下的你能够明白，虽然在变故下或者压力下的你不可能不弯下来，不可能不痛苦，甚至一度失去生的信念。但请你一定要坚持，一定要坚韧不折断。只要努力，总有一天你能获取重新恢复的能力，成为心理学家沃纳所说的那三分之一。

另外，从你的来信当中，我能感受到你内心是细腻的，语言表达能力也很不错。若是能够认识你，我必定能发现你更多的闪光点。也请你自己多去找找自己发光的地方，从而相信你是珍贵的，是有价值的，是值得被爱的，甚至，是有力量改变你当下的状况的。

至于你奶奶的话，的确很伤人，忽略就好，我想你应该知道那样的话是多么无稽。但是，她也只是希望用那样的方式来为自己儿子的死找一个借口，找一个可以发泄悲痛的通道，那是许多那个时代的人心理防御的方式，也正是愚昧和迷信在那个年代如此盛行的原因。

我并不知道你当下的年龄，但从我个人的经历和周围听来的一些故事看来，相对而言，高中生群体实际上是产生轻生念头的高危人群。我姑且认为你也是。

由此，我想你还有很长的一段路要走，一直到你工作获得经济独立之前，你还有大段的艰难时光需要自己去面对、去努力。而且，即便有一天你参加工作，获得了经济独立，也并不代表你当年经历的那些苦痛就会随风而逝。那些在你童年猝不及防间被摧毁的东西，想要再次重建，远远不会那么简单。但也正因为此，心理弹性特质才是那么可贵。

所以，请务必相信，只要不被折断，你总有反弹的那一天，你一定可以改变自己当下的状况。

另外，试着去和继父一家建立好的关系。既然继父帮你取了另外一个名字，那么在目前可见的范围内，用继父取的名字可能会更好一些。

通过这封信，我想你多少也体会到书写对你的帮助。有空的时候，请定期对自己的想法和经历进行梳理，只要能坚持，就会对你有很大的帮助。当下的你，可能并没多少机会寻求专业的帮助，那么，自我的帮助对你而言就更加重要。自我书写，就是自我帮助的一部分，哪怕不给任何人看。

在这里，我还想再次谈谈那位与我无话不谈的朋友。

想必你也注意到，他的那篇日志，名字叫《救赎二》，既然有二，想必还有一和三，甚至还有四和五。

对的，与你一样，他也在以书写的方式，进行自我梳理与确认。所以，也请你坚持下去。我也相信，未来的某一天，你也能在日志里写与自己相关的救赎。那时他人如果问你的幸福指数，你可以回答出更高的分数。

# 你没伤害任何人，只是在伤害自己

老师：

您好！

天气很热，我明明没什么食欲，但就是想吃东西。这是一种很可怕的感觉。机械地往嘴里塞食物，感受到淀粉、蛋白质或脂肪滑进喉咙的时候，我有一种说不出的快感。但同时，我也会深深地厌恶自己，觉得非常恶心。

然后，我会装作若无其事的样子走进洗手间催吐。

把吃掉的东西吐出来，这是一种很危险的手段，而且并不是百分之百吐得出来。我知道这是个坏习惯，但我就是停不下来。

我也想改掉这个恶习。

我与之斗争了七年，收效甚微。在学校里，我努力控制的时候会有改观，但是一放松下来，就会重蹈覆辙。

我也觉得这样不好，但我不敢跟家人和朋友们说。这实在是太糟糕了。

我想得到救赎，不想被放弃，但我得不到什么实质性的帮助。

高三的时候，我因为另一件事去看过心理医生。但是心理医生并没有很重视我的敏感和情绪，她只是确诊我幻听，给我开了一些药。我该怎么跟她解释，那些声音真的不是我臆想出来的，而是真实存在的呢？

当时我只是想得到一些肯定、认同和救赎而已。

我不想一直跟我朋友讲述，不想做只会吐槽的废物。有时候心情莫名低落，压力特别大，我紧绷的神经一直提醒我要为自己的行为负责。我知道这毫无益处，但是我停不下来。

道理看得不少，鸡汤也灌得不少，但我就是没办法好好过完这一生。

谢谢老师的耐心，期待您的回信。

你好。看了你这一次的来信，个人觉得你的问题或许并没有你想象得那么严重。

许多时候问题本身并不会给人们带来伤害，伤害往往来自人们对它的恐惧，以及怀揣问题的人对自身身份的拒绝和反感。

接下来，我们再来谈谈那件让你深以为苦恼的事情。首先，我们得确定一点，你在特定情境下吃东西的这一行为本身会不会给他人或自身带来伤害。不管是直接的或间接的，还是生理上或心理上的。我们姑且先不论这一行为本身是对还是错，只考虑后果。

至少在我看来，你目前的这些行为并不会给他人或自身带来伤害，我想你应该也会那么认为。当然，你可能会因暴饮暴食而发胖，这一点，我们等一会儿再做讨论。

那么，可能伤害到你的，是你当下对自身这一行为的拒绝。来信中，你不止一次提到对这一行为的反感。一方面，你觉得这种行为给你带来说不出的快感；另一方面，你对自己的这一行为有强烈的负罪感。正是这种负罪感掌控了你，才让你有了接下来的催吐行为。从你的来信中可以看出，这才是你催吐的真正原因，是对“吃东西”所造成的负罪感的补偿。相比这一点，“怕胖”可能只是表面原因吧。

只是，你并没有因此伤害到他人，你为什么要有负罪感？

在我看来，有没有影响或伤害到他人，才是文明社会的基本伦理。而且，这也越来越成为人们所能接受的伦理观念。相反，那些将自身伦理强加于他人的行为，则显得更为暴力，甚至是恐怖——

想想极端宗教者的做法好了。

所以，你先试着接受有着那样行为的自我，至少认为那并不可耻。相比这个世界许多强加于他人并伤害他人的罪恶而言，你的行为和罪恶没有半点关系。

人本主义心理学家罗杰斯认为，爱是深深的理解和接受。如果真能好好理解这句话，许多伤害将不会出现。学会爱他人，便是学会理解与接受他人；同时，学会爱自己，也就是理解与接受自己——哪怕是在他人眼中不堪甚至恶心的自己。

只有这样，你才能制止你的催吐行为——这才是可能对你自身造成伤害的关键所在。

而你对自身的拒绝与厌恶，只可能给你带来更多的伤害。

接下来，讨论一下你可能会因暴饮暴食而发胖的问题。你在来信中特意提到“机械地往嘴里塞食物，淀粉或蛋白质或脂肪滑进喉咙的时候”的感受。我不知道这样的过程对食物本身有无要求，如果可以，那么尝试一些相对健康的食品吧，比如水果、谷物……

另外，运动也是一种好方法。我个人特别推崇慢跑，甚至不吝于向任何人夸赞它可能给人带来的益处——这绝不仅仅体现在身体上，同时它也会给人很多精神上的帮助，甚至有可能在一定程度上解决你放松状态下的“不由自主”。

再次强调，你并没有犯错，你犯不着因此而自责、愧疚，甚至自我厌恶。

## 你的心需要被狠狠地敲开

老师好，我接下来要说的这个问题看起来很空虚无力，可是它真的让我难以生活。前段时间我抑郁得有了不好的念头，也跟心理老师聊过，可还是找不到活着的支柱。

我出生于1987年，女，普通白领，虽然工作收入还可以，可是总感觉一直没有脱离青春期。我孤僻敏感，无法跟人正常地分享自己的情感。从小到大，我常常处于焦虑中，不知道活着的意义，放眼望去，总觉得生活是大片大片的空虚。我觉得到我去世的那一天，也不会有什么人记得我。

我从小受的教育就是好好学习，获得自己想要的东西。从小到大看到最多的，就是父母在努力辛勤地干活，不讲究吃穿，吃饱了就好，有衣服穿就行。从小跟爸爸妈妈互动比较少，别的小女孩会想着穿花衣服啊，爱美什么的，我妈告诉我，好好学习就行，她年龄大了，不懂小女孩的玩意儿。我小时候很少穿裙子，基本上没有染过指甲，五年级之后就是短发了，因为妈妈没空给我梳，也没教过我怎么梳。我感觉很长时间里我都是自己一个人生活。

在我上初三之前的记忆里，没有什么跟爸爸妈妈聊天的情景，好像一直都是沉默的。也很少获得他们的夸奖，即使我考了年级第一，他们也只会表现得比平时高兴一点，可是从来没有夸奖过我。

我现在的年龄和受到的教育让我知道，因为父母受的教育和我成长的环境，我不能苛责他们不关心我，但我还是多多少少受到了一些影响。

小时候我特别怕妈妈凶我，怕考试成绩不好惹她生气，更怕她打我。我一直都在忍受，只想赶紧长大，离开那个家，这样就不用担心挨打了。

初中的时候我逐渐意识到，自己应该跟别人多聊天，除了学习还有其他的事情可以做。我印象最深的是初三的时候，一个同学跟我描述一部电影，我才知道原来电影也是可以用来聊天的。

我一直觉得我爸是这世界上最爱、最包容我的人，可是去年年初，他生病去世了。我在自己的能力范围内尽了最大的力，可还是没有挽留住他，甚至从没有好好跟他聊过。

我不知道除了努力工作挣钱之外还能怎么样，物质上的东西不能给我满足感，吃的东西、衣服对我来说都一样啊。我真的不知道活着是为了什么。我可以正常吃饭、看电视、出去玩、跟朋友聊天，可是我就是开心不起来，我觉得没有开心的必要。我感觉活着就是“嗯，还好啊”，没有美好的感受，也没有特别想去获得的东西。

活着究竟是为了什么呢？如果说以前是为了让父母过上更好的生活，让父母骄傲，可是自从父亲去世，我发现我无论怎样努力都不能改变什么。你可以说这世上有大好的阳光和河川，可是我觉得那对我来说并没有什么意义。你可以说这世上有美好的爱情，可是我觉得爱情不会发生在我这种丑小鸭身上，我也不能把拯救自己的希望寄托在别人身上。

我该坚信什么呢？我试着看圣经、听佛教的故事，可我还是不知道人生的意义。难道人活着就是为了忍耐各种困难？我现在基本上没有生活和工作的目标，因为我不知道定什么目标是合适的，或者目标实现了又能怎样呢？

上班的时候，我尽量让自己装得跟大家一样，有事做、有事忙，可是一个人独处的时候，就茫然无依。是因为我一直没有找到自己的精神支柱吗？人活着究竟是为了什么呢？不为什么的话，可以正常生活吗？

见信好。

抱歉现在才来得及给你回信。其实我很喜欢你的来信，除了坦诚之外，我还能感受到你蕴藏在语言中的东西——一种恰如其分的表达能力。并不是所有的人都有这种能力，也并非所有的来信都能让我感受到这个。

所以当我看到你说自己从小不会聊天，在你父亲去世之前都没有好好跟他聊过的时候，真的觉得好遗憾。

我在想，那个时候你要是能够像这样给父亲写一封信就好了。那对于你，对于他，都将是一份救赎。

但是，我们能够去相信一个陌生人，能够对他说很多话，却难以对身边深爱的人开口，这不得不说是一件令人难受的事情。

我想，这大概也是来信交流的意义。有人在来信中说：听说这是一个很好的树洞。

好吧，这的确是意义之一。

接下来，我们来聊聊活着的意义。

坦白说，这是一个太大的命题，单就看到你来信的这个题目，就让我一阵头大——那可是两三千年来无数智者、哲人乃至宗教都在探讨的问题，而且到现在为止依然吵嚷不休，没有谁能够给大家一个相对满意的答案。这让我想起《武林外传》里的那个经典桥段：姬无命要杀吕秀才，却在吕秀才一连串的追问下被逼得头脑混乱，然后自杀身亡。

剧里吕秀才一连串的问题，全是“我是谁，我从哪里来，我要到哪里去？”，乃至时间、空间之类的终极命题。别说姬无命，即便是这个世界上最聪明的人沉入这样的问题而无法自拔，估计也有可能会头脑混乱，从而做出一些出格的举动。

好在仔细看你的来信，你谈的是关于追寻你个人的意义的问题。这不由让我长吁了一口气，在这样的层面讨论，至少我不会如姬无命一般自杀而亡了。

记得很多年前，我听过的一首很有意思的歌曲，里面有这样几句歌词：

第一次知道如何锁上心门

我就再没有将它打开

将可怜的灵魂躲在厚厚的装甲背后

任别人狂轰滥炸

……

可我更加难过因为我自己早试过

我的心需要你狠狠地敲开

我的心需要你狠狠地敲开

……

后来我才知道，那是一首很老的歌，歌手的名字叫杨丹涛。如果对二十多年前的校园民谣没有相当了解的人，大概不会知道这个名字。歌名就叫《敲开》，忽然觉得，这样的歌名和歌词用来形容当下的你，是再贴切不过了。

从你的来信中我看到，一直以来你都很优秀：听话，留短发，不染指甲，成绩好，能考年级第一，除了学习、考试，一般不大会考虑其他的事情。成绩这么好又不让人操心，这可是父母眼里最好的儿女，老师眼里最好的学生啊！

这样的你，读书的时候，理应是经常被老师夸奖的吧？

但作为老师，我姑妄揣测一番：事实上，你被老师夸奖的次数，或许也并没那么多。有的时候，老师的确会夸你，但你总觉得那样的话言不由衷；有的时候，你甚至会觉得，老师似乎偏爱那些显得调皮捣蛋一点的学生。

是啊，如果我是你的老师，我可能也会夸你，也会由衷地觉得你很优秀，你会得到很多认可。但是，你不见得会成为老师最喜欢的学生。因为在很长的时期里，你的自我被压抑了。

是的，你很乖，很听话。从你的表述看，你的父母并没有给你很好的安全感，母亲甚至会因为你成绩不好而打你。在那样的环境下，你自然形成了那样的意识：听话就会被母亲善待。

于是，你将你的聪明才智都用来迎合父母的希望。你终于成了一个很乖的孩子，乖到拒绝了花衣裳，拒绝了长裙，拒绝了粉红的指甲，也拒绝了飘飘的长发……甚至在一定程度上，你认为这是对的。

当然不是的。留长发、穿花衣裳，难道不是大多数小女孩最本真的梦想吗？

你压抑了最真实的自我，去努力地成为父母希望你成为的那个人。好在幸运的是，你是一个非常聪明的孩子，你做到了他们眼里所认为的优秀，但可惜，那并没有给你带来夸奖。

或许，你的父母也不知道为什么要希望你好好学习，大概也只是因为本能的一种不安全感。这块土地上的农民，几乎对自己身份都怀揣着一种强烈的不安全感，没有人希望自己的后代还是农民，然后再继续他们的生活。他们并不知道你好好学习会怎样，只知道无论如何你一定不能再像他们那样生活。

所以，你考得不好，母亲可能会打你，但你考到年级第一，他们也并不知道该怎么高兴，因为他们也不知道那意味着什么。

从这个角度来讲，他们是爱你的，就如同这块土地上的绝大多数农民父母一样。但也如同这块土地上许多父母所教出的子女一样，你的真实自我被压抑得太厉害。从此之后，你变成一个成绩优秀的小孩，但也少了本真的欢笑，少了放肆的哭泣，渐渐将心门关闭，甚至觉得在人前表露自己的情感是一件很难完成的事情，乃至于聊天这种无处不在的交流，在你那里都相当少见。

“第一次知道如何锁上心门， 我就再没有将它打开……”

显而易见，你的乖和你的优秀，都是以你压抑自我、锁上心门为代价的。

从此之后，无论你做得再好、再怎么优秀，你的人生都已失去了色彩，都已变成黑与白的。

在这样的过程中，你慢慢长大，并找到了不错的工作，很好地取得了经济的独立。我想，那个时候你的父母心里一定获得了巨大的慰藉——自己的孩子终于可以不用再像他们那样生活。

但是，这个时候的你却开始明白，眼下的生活却并非是你内心想要的。于是，你无法开心起来，甚至开始怀疑人生的意义。“没有美好的感受，也没有特别想去获得的东西。”

人生当然有它的意义，只是每个人活着的意义都不一样。“有人辞官归故里，有人星夜赶科场”，这两类人见到彼此，可能会在心里互相骂对方一声“傻子”，但这丝毫不损于他们对自己人生意义的追求。而当下的你，要做的就是努力追寻自己内心认可的意义。

要做到这一点，首先需要解决的就是关于安全感的问题。你渴望恋爱，但却又害怕受到伤害，这样的心态可不行。你难道不觉得，人生的过程，就是应该由无数的欢笑和泪水、无数的笑声和哭声组成？只有那样的人生，才是彩色的，才可能改变你当下的状态。

任何东西的获得，都需要付出代价。你不可能只要欢笑，不要泪水。

所以，别再囚禁内心的自我，别再等着别人来狠狠地将你的内心敲开。去聊天，去向在乎的人说出内心真实的想法，就像你给我写信一样；去尝试新事物，那并非没意思，相反会很有趣；去恋爱，先别管什么受伤不受伤，哪个正常的成年人没受到过伤害？

只有这样，才可能让你的人生变得有色彩，才可能让你内心里那个穿着花色长裙，留着飘飘长发，涂着粉红指甲的小女孩复活，甚至从此活蹦乱跳，从此花枝招展地笑着走向未来。

至于圣经和佛教故事，还是不要再看了，除非你打算就此放弃笑和泪，远离悲和喜。

我佛慈悲，愿你从此欢愉在尘世，不再整日空想活着的意义。

另外，我可以确定地告诉你，你的父亲是爱你的，你的母亲也是。

# 你的心中，应已有了答案

有的时候，我自己也不知道如何给自己定义。从年纪上看，好像青春期已经过去了，我是一个成年人；但是从心智上看，我仿佛还是一个孩子，还在给许多人带来各种麻烦。

三十而立，我离三十也只有两年半的时间，然而我还只是一个研究生。在这个三线小城市，我不知道自己当初的选择是否正确。作为一个学农业专业的人，遇到的老板没有几个看重学历，走到哪里都会被当着面说“硕士、博士没有用，还不如出去闯荡”。

本科毕业时，我一心想为家里减轻负担，不想再花钱上学，选择了工作。但是当我将要跟随男朋友去到他的城市的时候，我胆怯了，我害怕陌生的城市，那里没有我认识的人，我只好又躲进了学校。然而过去的两年让我有了更大的压力。

看着硕士毕业的男朋友工作换了又换，待遇却越来越低，同一个专业的我也对自己以后的出路迷茫了起来。老师和家人都劝我继续深造，那样以后还有希望留校，因为在这个城市，除了公务员、事业单位和几个大公司，没有老板会给员工应有的正常待遇。

可是如果继续深造，又要给许多人带来麻烦。虽然可能不再需要父母出钱，但是我也不能给他们什么回报。我不能给我的新家庭带来稳定的收入，甚至还可能要向男朋友索取。这些都让我不知道该如何选择。我害怕毕业的时候，学校的要求已经变得更高，害怕到后来我也同样找不到合适的工作。

我以前从未想过自己可以攻读硕士研究生，平日里总会偷懒，甚至颓废、讨厌学习，功课总是拖到不能再拖的时候才去解决。可是父母为了给我舒适的生活，宁愿挤在北京不足十平方米的地下室。一想起这些，我就怨恨自己当初的不懂事。

当我发现自己想变得更好的时候，我不停地告诉自己：什么时候开始都不晚。可面对这样一个普通的家庭和这样一个普通的男朋友，我真的应该继续读书吗？不是应该自己也承担起一部分责任吗？爸爸说要从长远考虑，道理我明白，但是在这个小城市谁又能保证高学历就有高工资呢？

也许我只是想找个地方倾诉，而我的心里早已有了答案。感谢您百忙之中看了我的来信，希望可以有越来越多的孩子受益。

谢谢！

见信好。感谢你一直以来的信任。

你在来信中说："也许我只是想找个地方倾诉，而我的心里早已有了答案。"看到这里，我笑了，因为我也觉得你的来信早已有了答案，而且不光你如此，最近的几封来信都给我如此的感觉。

这样说来，倒真是有东野圭吾《解忧杂货店》的感觉啊。

不过，这样的感觉其实也不坏。人们到底还是生活在自己的世界里，按照自己的方式去做选择，去完成自己的人生。大概也只有这样的人生，才能做到无怨无悔吧。

既然如此，我们姑且从你的来信中找找答案。

你说你年岁渐长，但心智尚不成熟。是的，是这样的。

你说你父母为了给你舒适的生活，付出了很多。是的，是这样的。

这些都是你自己发现的问题。但是，聪明的你也应该发现，以上两点是有因果关系的。我想正是你的父母为你付出太多，所以时至今日，你的心智尚不成熟。

这么说并非是让你去责怪你的父母，当下的这块土地上，父母的爱大多都是通过这种方式展现的，所以年岁渐长而心智尚不成熟的人到处都是。我提这个，只是希望当下的你，能够摆脱那些以爱之名的付出，和因此而带给你的舒适，然后去聆听自己内心真正的声音。只有这样，你才能自我成长，而不再是成年的巨婴。

自我成长，是你自己的事情，任何人都帮不上忙，父母也不行。

所以，到底是出去工作面对现实，还是继续深造？我想你首先要考虑的，不应该是家人和老师的意见，也不应该是男友的看法，而是你自己内心的想法。突然觉得“继续深造”这个词挺好玩，如果没搞错的话，你的父亲或是母亲经常对你用这个词吧。

小孩子通常没有内心的想法，所以他们碰到难题的时候，一般都会去找父母，或者老师。

接下来，我们探讨一下你内心的想法。抛去父母、老师看法的影响，内心的你，到底是想出去工作，还是想继续深造呢？

记得前不久收到过一位马上就要读大四的女生的来信，她也深陷如你当下一般的犹豫之中，只是她犹豫的是工作还是考研，你犹豫的是工作还是读博。我的回答都是：遵循内心的想法。

她身上回避问题、害怕选择这一点，在你身上同样也有体现。我在给她的回信中提到：所谓的“做正确的决定”，永远是一句马后炮的废话，没有人在事先就知道，眼下的决定是正确的还是错误的。

从她的来信中，我能够看出她的内心是想考研的。

然而对于读研，你说你“不知道当初的选择是否正确”，的确没有人在事先就知道眼下的决定是对还是错。事过两年，我想你应该已经知道当初的选择是否正确。如果还不知道，大概是你没有试图去弄清楚内心的想法而已。

在你的来信中，你提到两个细节，一次是本科毕业，你随男友去到他的城市，然后，“我胆怯了，害怕陌生的城市，没有认识的人”。

看来，与那位同学不同的是，你并非真的想考研，你之所以那么做，只是因为对现实的恐惧，只是为了回避陌生的环境和那种对未来的不确定感。所以，你胆怯了，你“又躲进了学校”。

所有的回避都无法真正解决问题，即便表面看来问题得到了解决，但也只是将解决问题的期限延长了而已。时光匆匆，岁月流逝，内心的你，自然也发现这样做是危险的，时间每过一分，你失去的东西便又多了一些。至少失去了青春，以及青春所代表的机会和可能。

所以，你也感受到，“过去的两年时间让我有了更大的压力”。

但是，两年过去，你又再次被匆匆流逝的时光推到了分岔路口，摆在你面前的，是又一次工作还是考博的难题。出去工作，将再次面临陌生的城市，并且那里没有你认识的人。于是，你又想“故伎重演”，再次躲进学校里。但这次的你，有了上一次的经验，也开始担心“毕业的时候学校的要求已经变得更高，害怕到后来一样找不到合适的工作”。

在这个世界上，大概只有极少数的人一次就能找到合适的工作，然后心满意足地努力一生，这概率与一谈恋爱就找到合适的人并共度一生一样极低。许多收获，都是在一次又一次的试错中获得的，你如此害怕犯错，害怕陌生的环境、陌生的人，怎么获得更好的环境，认识更好的人？又怎么完成自我成长，变得更加优秀？

的确，我们不知道未来是向左走还是向右走更幸福，但遵循内心想法而走的你，走的才是自己真正的人生。恐惧陌生的环境是人之常情，但若跨不出这一步，你将永远长不大，永远都只是孩子。

是的，未来充满了无限的可能性，但无论如何都需要你自己勇敢走下去。只有这样，你才能克服偷懒、颓废，甚至讨厌学习的想法；只有这样，你才有可能发现，以前从来没有想过的事原来你也可以做到。

写到这里，我忽然想起那句灌满鸡汤的广告词：你的能量，超乎你想象。

是啊，你的能量，超乎你想象。前提是，你能够勇敢向前，在有所收获前不被击倒。但这样的前提，灌满鸡汤的广告词是不会提到的。

既然你的内心早已有了答案，那么，不必犹豫，勇敢向前就好。

第五章 | CHAPTER FIVE |

# 和解：与世界温柔相拥

# 爱，是深深的理解和接受

您好，老师。我直入话题了！我弟读初一，他近两个月以来越发暴躁，而且每天出去玩，现在已经到了两天回来一次的地步，晚上十一点多才回，凌晨两三点出去，与他讲话不到两句，他就发脾气，动不动就说："是不是要打架？"

今晚，妈妈说他，一言不合的情况下就打了他，然后他就把妈妈推倒在地。爸爸劝架的时候问他："她还是你妈吗？"他却说："不是。"我不知他的性格为何会变成这样，详细情况，我也说不清。谢谢有您这样的人帮我，老师，拜托您了。

见信好。

我想先在这里写下一些我此刻的感受和想法，也请你先不要着急。人的成长是一个漫长的阶段，任何急躁的举动，和希求“五字真言”就能解决问题的想法，其实都于事无补。

由于老师的身份，且所执教的公立学校的学生的整体情况也并不理想，我接触过大量类似你弟弟这样的小孩。他们当中有不少人叛逆、没有安全感、脾气一点就着，有的还有暴力倾向。他们甚至会让周围的同学害怕或回避，最后远离他们。

在看你来信的时候，我的大脑立即将你弟弟的形象和我一年前教过的一位男生重合了起来。我发现，他们有很多类似点。或许这些共性，也能给你预示，供你参考。

正好前些时间班级一位女生在随笔里写过他，我们先来看那位女生笔下的他。

他在四五年级的时候闹得很大，几天不上学，一直待在网吧。他拿了父母几千块钱就离家出走了，闹得校长到我们班跟老师谈话，家长好像也来了。后来他翻围栏到学校里，站在另一幢楼上向我们班一个有钱的男生借钱。数学老师还曾叫他到办公室谈过。他回到学校的时候，我记得是冬天，他只穿了一件薄的长衫，班主任问他冷不冷，他说不冷。我们都穿着厚厚的毛衣，觉得难以置信。

一天下课后，我后面的同学似乎说了他一句什么，他立马跳起来打了那位同学一顿，在大家面前打得很厉害。看着暴怒的他，我们都有些害怕。打过后，他走了，被打的同学在讲桌旁痛苦地蹲下来。回到座位后，我问了句“痛不痛”，那位同学立马回了句：“当然痛了。”

都有点黑社会的感觉了。

……

但我只在六年级的时候教过那个打人的男生，六年级读完，他就消失了。他是外地生，据说是回了老家，也可能就此辍学。从那之后，我再也没有见过他。但他的一些故事，不光留在了同学的随笔里，有些到现在还是老师们的谈资。

六年级刚开始后不久，他就有过离家出走：与之前一样从家里拿钱，然后几天不来学校。后来，他的班主任告诉我，他还在家里打了他的妈妈。

他的班主任是一位小个子女教师，她在办公室讲述这些的时候，说她也很怕他：“那么高的个子，要是发起疯来……”

有老师应和，觉得他的确很恐怖。

我没有应和他们，也没有觉得他恐怖，或许因为我是男教师，至少从表面看，我应该有比他更高的武力值。

但我知道，这并不是真正原因。

有一次，我看见过他和劳技老师的冲突。劳技老师是一位高大的年轻老师，打篮球的时候一直是中锋位，但脾气温和，很少会看到他生气。但那一次，他忽然很愤怒地把这个男生推到办公室，吼道：“你为什么踢我？”

他也冲老师大吼：“你为什么骂我妈？”

听到他吼出这句话的时候，我突然想起他班主任说过他连自己的妈妈都打。但奇怪的是，他却不能容忍别人骂他妈妈。

其实那都不能算是骂他妈妈。那次课上，他一直显得不耐烦，劳技老师批评他的时候很生气，顺口说了一句“妈的”……然后，他就爆发了。

我想，从这些应该能看出，其实他的内心相当敏感，安全感低，防卫心理很强。在他的世界里，有属于他自己的一片防御领地，谁也不能突破，谁也不能进来，一旦被触碰，他便会表现出攻击性。

细心的人应该可以发现，他其实很在乎自己的妈妈，也爱她（当然爱本身就是复杂的，往往与恨伴生）。正因为此，他将妈妈放在自己内心的防御领地之中，容不得他人半点刺激，哪怕是并没多大的恶意，他也会感受到攻击。

我相信你的弟弟也是如此，虽然他会把你妈妈推倒在地，甚至否认他与妈妈的母子关系，但若是有其他人说你妈妈半点不是，他很有可能会爆发。

分析到现在，有一个问题不能回避：是什么造成他如此强的防卫心态？我们都知道，防卫的反应是为了应对攻击。那么，问题来了：他曾经受到过怎样的攻击？他的暴力基因从何而来？

大多数有暴力倾向的小孩，都有过被暴力对待的经历。在你弟弟还小的时候，应该没少挨打吧？遇到矛盾冲突的时候，你的父母应该也很容易暴躁吧？

当然这或许并不绝对，我所提到的那位男生，实际上还有个双胞胎弟弟，也曾在我们学校读书，但相对他而言，性格远没有那么暴躁，也没表现出太多的暴力倾向。

人的成长，除了基因之外，会受环境所带来的各方面因素的影响。而且，偶然性、随机性也很强，有的表面看来很微小的触动，却可能改变一个人一生的轨迹。正因为此，双胞胎的性格也可能大相径庭。

就像那位男生，在另一班级的弟弟成绩也不好，有时会不写作业，虽然没他那么暴力，但是性格内向，存在感低，很容易被老师忽视。

不管怎么说，所有超越常态的心理和举动，都有其原因。要解决你弟弟身上的问题，分析根本因素——你的父母在他很小的时候如何对待他，是不可回避的。

而且，我们大致可以了解到他如此暴躁冲动的原因。可婴幼儿时期的遭遇，很容易在他的潜意识层面留下烙印——那是普通人的意识感受不到的层面，要让他面对并加以纠正，非常非常困难。

所以，我并不认为通过我们简单的对话就能从根本上解决他目前的问题。这大概会让你失望，但这是事实。

这也是很多心理学家提倡不能打小孩，甚至在小孩三岁之前尽量满足他一切需求的原因。在能获取满足（包括生理和心理）的环境下成长的小孩，会比较有安全感，会不那么具有攻击性。

写到这里，并非是让你去怪罪父母，只是你得试着让他们明白：暴躁和攻击性行为，在帮助你弟弟成长方面，实在是于事无补。在身处于本就困难重重的青春期，又对外来刺激相对敏感的你弟弟身上更是如此，哪怕是稍有敌意的语言，都应该回避。

那么，是不是一点办法都没有？当然不是。

我在前文说过，我没有觉得那位男生恐怖，从来都没有。

而且，他也没有在我面前表现过攻击性。当然一开始教他的时候，他对我有回避，特别在他因为不交作业或是默写不出，被我叫到办公室的时候。那时的他，眼睛要么看着地面，要么茫然地看着眼前的空气，拒绝和我有眼神接触。

每当这个时候，我都会告诉他把作业补上，或者课间到我这里把欠下的内容默写出来。我基本不会去批评他，或者让他叫家长，也不会对他有羞辱和攻击行为。我会告诉他，作为惩罚，把两首古诗抄两遍或三遍。有研究表明，没有惩罚的教育，一定会造成混乱。但这惩罚，一定不能是攻击性的，更不能以伤害为目的。而大多数父母打小孩，实际上充满了攻击和伤害。

我记得，基本上他都能补上作业和完成默写。时间长了，他也发现我对他毫无敌意，路上偶尔遇到，他就冲我笑。

记得有一次课间，我正在办公室想着一件什么事情，他从窗外经过，看到我，忽然停下来，举起右手，用力地对我行了个军礼，然后冲我笑。忽然看到他的笑容，我也很自然地笑了起来……

我想根本原因是，我从不觉得他恐怖，通过漫长的时间，我让他相信，我对他并无敌意。我也从不因为他是一个很厉害的学生就不批评他，他不交作业，我会有惩罚，默写不出，我会让他到办公室来默写。当然，可能其他老师一开始也是如此对他的，但后来因为他的表现，大多数人开始戴有色眼镜看他。然后，很少有人能不表现出对他的厌恶。

而成见和厌恶，在敏感的他看来，就是攻击。

我还想起来一件与他相关的事情。我的每一次语文课都有课前演讲。那时六年级刚开始不久，大家互相并不熟悉。而那次一位女生的课前演讲相当尖锐，指名批评那位男生在刚结束的运动会上不出力。

演讲结束，有同学发表自己的看法，甚至有了争论。

我坐在前面，看着他们争论。有争论是很正常的事情。

突然那个男生很凶狠地用拳头捶桌子，大喊一声："我没有！"

全班顿时安静了下来，演讲的女生也被他的模样吓住，愣在讲台上。

我从座位上站起来，对那位女生说："好了，你先下去吧。"

然后，我看着他，叫他的名字，平静地说："你先站起来吧。"

他犹豫了一下，还是站了起来。然后，我说："1983年，有一位叫威廉·戈尔丁的英国作家获得了诺贝尔文学奖，他最有名的作品，名字叫《蝇王》……"

接下来，我讲了《蝇王》的故事，讲了可能埋藏在每个人身上，甚至小孩身上的"恶"。

然后，我平和地批评了他的态度。我不知道他当时的感受如何，但他没有发火，只是站在那里，似乎在听。

当然，我没有发火，我只是语气平静地在述说。而且，在内心里，我真没觉得那样的事就一定是犯了多大的错。

我想，你大概明白了我想说的。简单说来，有一句话在这种情况下特别适用，叫"不含敌意的坚决"。

青春期的小孩，的确容易犯错，容易叛逆，容易冲动、暴躁，甚至用暴力伤害他人。这当然不好，但如何与这样的小孩交流，让他不拒绝你，让他认同你的看法，"不含敌意的坚决"是相对好的方法。

我说以上的事例，基本都只是为了说清楚这几个字。

只是，既要做到"不含敌意"，又要做到"坚决"，这是一件很困难的事情。相对而言，打比较容易，放弃也比较容易，而这两者，都是非常危险的处理方法。

既然如此，你也只能和你的父母一起去努力，去改变做法。从你开始，好好跟你弟弟说话，他错了，你一定要告诉他，但不要骂，甚至不能以管束的语气，努力剔除语言中所有可能的敌意。如果他提出他的看法，哪怕在你看来是错的、荒谬的，也一定要好好和他交流。同时多陪伴他，多通过聊天来沟通。

如果你还不清楚我要表达的，那么就以对待成年人的态度去对待他。每次要发火之前，把他想象成一个成年人。

千万别再打了，那要成为你们不能触碰的底线。再愤怒，你的爸爸妈妈也不会去打一个成年人吧?

以上只是补救措施，若要从根本上改变，需要你弟弟对自己的内省，需要他在未来的某一天对暴力、对你的父母那些做法产生客观、理性的认识。

同时，你的父母也需要自我反省。

这些对任何人来讲都不是一件容易的事情，没有人愿意承认自己一直以来的做法是错的。作为姐姐，你所能做的，就是试着去接受他，接受那个叛逆、脾气不好、动不动喊打甚至真的动手打人的弟弟。他的确有很多问题，但是改变这些的前提是先试着接受，然后再谈改变，而不是一上来就呵斥、惩戒，更不能是拒绝。

再次以人本主义心理学家罗杰斯的话来作为回信的结尾：爱，是深深的理解和接受。

# 有的时候，妥协是一种美德

老师好，非常感谢您能阅读我的信。

想要问您的事情很简单：我很讨厌我的某个老师怎么办？

我是一名高三的学生，明年参加高考。我的成绩总体上来说中游偏上，这个老师教的学科正好是我比较弱的科目，成绩大概就是平均分。

我讨厌她的理由如下：

一是我很讨厌这个人的性格，形容一下就是“倚老卖老且愚蠢刻薄”。她对别人要求很高，对自己要求却很低，动不动就用语言攻击学生。学问不大，却总是吹牛，学生问她题，她经常答不上，然后糊弄糊弄把人家赶走。我非常讨厌这样的人。

二是她的教课水平实在堪忧。如果我继续按照她讲的课学下去，我很担心我的高考成绩。我算是过分自信的学生，觉得我自己学能比听她课的效果好。

三是她很喜欢布置大量毫无意义的作业。我觉得这样的作业不做也罢，不如自己去找一些有意义的题做。可是她留的作业那么多，迫于她的淫威，我只能让这些垃圾占用我的时间。

久而久之，我的心头总是积聚着对她的不满，导致不管她讲什么我都听不进去。上课的时候我总是发呆，对这门学科也十分厌恶。

后来我觉得不能这么浪费时间，就在她的课上做这门学科的题。可我总是提心吊胆的，题也做不好，课也听不进去。

她发现我不再听课之后就盯上了我，上课时总是点我起来回答问题，到处挑我毛病，但是我又没有胆量跳出来跟她正面对着干。

我现在感觉又痛苦又着急，我真的想学好这门学科，高考取得一个至少能接受的成绩。再次感谢您能阅读完这些内容，非常期待您的回复。

见信好。抱歉这么晚才来得及给你回信。

“现在感觉又痛苦又着急。”从你的来信当中，我能感受到你的这种情绪。

可是，该怎么办好呢？这的确是一个棘手的问题。

坦白说，这不是我第一次收到类似的来信。一位以前我教过的同学曾向我求助，所提到的老师简直与你信中所写别无二致：一个刻薄的老太太，动不动就对学生语言攻击，教学水平堪忧，但却喜欢当学生面吹牛，布置大量毫无意义的作业……如果不是因为你高三，他初三，我还以为来信吐槽的是同一个人。

而且，不光吐槽的对象相似，你们两人的心态也几乎完全相同：愤怒，想反抗，但“又没有胆量跳出来跟她正面对着干”。

于是，你们都陷入了痛苦之中。

但所不同的是，他的痛苦比你的更加沉重。他所面临的罚抄量，真的是多到了令人瞠目的地步。他写道：

“我最不能接受的是她居然问我爸要了 2 000 元钱。前面的我都能忍，但这个我真的是无语了。她说要给我补课，可所谓的补课，就是让我蹲在门口，不会的问老师。”

这是他来信里的句子。想必你也能感受到他的愤怒，甚至我在看信的时候，也觉得非常愤怒。愤怒到想给他一些建议，想告诉他一些切实可行的反抗方式……

但到后来，我还是删除了那些建议。在表达对他感受的理解之后，我对他说："我并不主张你去反抗，我不认为那能对你的成绩造成多大影响。相反，所有的冲突都会对你造成心理层面的影响，高考在即，现在并不是时候。"

是啊，所有的冲突都会造成心理层面的影响。在心理对抗这一点上，比之经验丰富的刻薄老太，尚未成年的你们完全处于劣势。

中学时代是小孩成长的重要时期，很多小孩似乎在一转眼间，突然变得人高马大，有的时候站在老师身前，都能在身形上给他们造成压力。而且在学校时间长了，你也会不时见到学生与老师之间发生冲突。有时候，有的学生会觉得自己很有力量，然后敢于和老师对抗。但绝大多数时候，这样的举动会以失败告终。遇到经验老到的教师，几句话便被堵了回来。

成长的过程，远不是身体长高长大那么简单。

而且，青少年时期，对外界的反应大多敏感，更何况那种对抗一旦开始，一定会是一个长期的过程。作为多年的老教师，她不可能单纯因为你个人的某一次反抗就改变她的做法。

我当然不认可你老师的方式与做法（如果的确如你所言）。但同时，我也不能用简单的对错建议你去反抗，那样说不定会将你置于尴尬的境地。

特别是在你高考在即的时候。

与你的老师相比，那位同学的老师明显还要更加过分。现在我也只能像其他人一样，告诉你以下的这些：

首先，老师的教学水平如何，应该由更权威的人或部门来评判，比如说学校。在以高考为指向的考试制度下，大多数学校其实最在乎的还是分数，高三更是如此，若是她的教学水平真的很糟的话，学校也不会让她教高三。

其次，爱吹牛是因为她在乎自己在你们心目中的位置，是希望你们能够佩服她、尊敬她，甚至喜欢她。或许她的那些做法的确值得商榷，但也算不上什么大错。

当然，很多时候我们都反感题海战术。但在当下的教育制度下，大量反复的刻意训练，对考试还是很有帮助的。

至于言语攻击和刻薄，忽略就好，至少当下的你们，目标是一致的：你们都希望学习成绩能够提高，然后考上理想的大学。

对以上的话语，我想你大概会赞同吧。

当然，学生时代的我们，总是希望能够遇到好的老师：风趣幽默，教学方法独特而有效，布置的作业少，但带教学生的成绩好，最好大家还能够互相喜欢。

但现实往往并不尽如人意，有的时候，甚至会与想象完全相反。若是现状无法改变，适当的妥协也是理所当然。总有一天你会发现，每个人身上都有优点与缺点，那些言语刻薄的人，不见得就不善良，不见得就充满恶意。若是从自己的立场上，感受到任何不公都要去战斗，那么这个世界，一定会是硝烟不断的战场。

“妥协是一种美德！”

看英国历史的时候，我不时会产生类似的想法。虽然我一直认为，这种可以称之为“美德”的妥协，更应该来自力量强大的那一方。虽然在这里，也不能用“美德”来形容你的妥协。

忽然觉得，这样的回复，多少有些令人哀伤。

# 关于幸福，你了解些什么

您好。

我自卑，一事无成，空有抱负，不会去努力，容易放弃，突发的豪情也只能维持一瞬间。我大多数感情也是如此，无论是讨厌还是喜欢或是其他，都不会在我这里有长久的延续。我20岁。

现在讲具体案例。初中，中考的时候我没有去努力（这么说有点像是借口）；高中，我劝说爸爸让我学美术，交了钱没有退路了，我又觉得自己做不到，就毁掉合同没有再去上课。

高中最后的日子里，我天天玩游戏到深夜，再开始随意地写作业，没有去做自己本该做的事；现在，明明要考研，选好的书在购物车拖了一个月才买，如今还是无所事事。不去看书，躺在沙发上，如一个废人——不，已经是废人了吧。

理所当然的，我没有朋友，我也无法与别人交心，也许我很想，但真的做不到。初中以后，我努力做一个正常人，可现在还是有人说我很怪。

那个时候父亲说，没有朋友也没关系，我信了，一直一个人也挺好的。也许是我自己不愿意外露，不愿意借助别人的力量。

现在我希望有人能和我一起，支撑起自己薄弱的意志，但同时我也很矛盾。

我知道自己没用，但没有去改变。我看书的时候，书上的句子曾令我一瞬间动容，但要去行动的时候，我依旧原地不动。

文字真的很乱，我在这里道歉，虽然我知道没有什么用。

见信好。

到现在，我收到过不少来信。每封来信的风格都会有不一样的地方：痛苦的，悲伤的，愤怒的，嫉妒的，坦诚的，纠结的……有表达顺畅让人一开始读就欲罢不能的，也有言语飘忽把内心隐藏的。

但你的来信，让我觉得很有趣。我突然想起宫崎骏老爷子的《龙猫》，小梅第一次见到大龙猫，是因为她不小心掉进那个巨大的树洞。趴在大龙猫肚子上的她，惊奇地看着眼前那个庞大而可爱的怪物。然后，龙猫在睡眼蒙眬中慢慢醒来，看着毛茸茸肚子上的小梅，张开了大嘴，打了一个巨大的哈欠。

第一次看到这里的时候，心里好担心它把小梅吃掉。

据说脑洞比较大的人，觉得《机器猫》和《龙猫》其实都是很悲剧的动漫——龙猫和机器猫，都是孤独自闭的主人公想象出来的东西，它们从未真实出现。

不过可以确定的是，我是真实的。现在的我，正在给你回信。

1938 年，哈佛大学开展了一项时间跨度最长的成人发展研究：他们跟踪记录了 724 位男性，从少年到老年，年复一年地询问和记载他们的工作、生活和健康状况。时至今日，这项研究已经持续了七十多年，而项目还在继续。

七十多年的研究结果，浓缩起来其实只有一句话：幸福就是良好的人际关系。

坦白说，第一次看到这个结论，我很吃惊。因为无数的智者、哲人，都曾让我们不要将聪明才智浪费在人际关系上。

虽然一度我也不愿意相信那样的结论，但与智者、哲人相比，我还是更倾向于相信统计数据。

由此，我也慢慢明白，人到底是社会性动物。交流对于人类而言，实在是太重要的事情。好的顺畅的交流，会给人带来愉悦感，而沟通不畅，则会让人感到挫败。但即便是最挫败的交流，也好于封闭和孤独。

美国得克萨斯大学心理系教授詹姆斯·彭尼贝克曾进行了一项研究。他招募了各种各样的参与者，学生、囚徒、有“创伤压力综合征”的士兵等，他让这些参与者连续四天用十五分钟写下自己的悲惨遭遇和痛苦记忆。

最初结果出来时，彭尼贝克教授非常失望，因为他通过测试发现其中一些写心情日记的人焦虑指数提高了。但从第五天开始，到第六天、第七天，参与者的焦虑水平普遍逐步降低，回到了原来的基准水平。再往后的几天里，参与者的焦虑水平继续降低，并稳定在比原来基准水平低很多的一个范围内。对男性受试者，这种情况尤其明显。

其实，在了解到彭尼贝克教授的研究之前，我就开始坚信书写对人们的帮助。因为一直以来，我的的确确感受到了书写对于缓解心理压力、维持心理健康的巨大益处。也正因为如此，我们希望读者在来信中试着去书写、去表达，不吝于文字，不担心表达不顺畅。因为单就那样的过程，就能给你带来帮助。哪怕最终不给我们看，也会让你有所收益。

因为那样的过程，已经让你完成了交流。你在向你脑海中的那个草履虫（或者龙猫、机器猫）诉说时，你们已经开始建立人际关系。

如果表达顺畅，一定会让你感到愉悦。

从这个意义上来讲，帮到你的，是你自己，以及由你自己创造出来的交流者。

作为现实中的回信者，其实我也受益匪浅。那样的过程，让我感受到我的存在是有意义的，是被他人需要的，甚至是值得被爱的。

是的，我也在通过来信和回复，与这个世界上的许多我不曾谋面的人进行沟通，从而建立良好的互动。这样的过程，也正在使我更加健康、更加快乐。

你在来信中还提到你是废人，一事无成。我不知道你所谓的“废人”和“一事无成”是怎样的标准，但我相信以你那样的标准，这个世界不光许多二十岁上下的人一事无成，就连七八十岁甚至到死都一事无成的人也无处不在。而且单以成事或不成事来评价一个人，是有欠公允的。与之相比，我更觉得一个人活在这个世界上，自身的感受要重要得多。若是度过令自己感觉幸福满足的一生，那么在他人眼中是一事无成也好，是个废人也罢，好像都没多大关系。

而哈佛的研究告诉我们，人际关系对于个人幸福感的重要性。所以，去试着交朋友，去试着跟人交心，就好像你试着来信一样。如果第一次没有让你感到幸福舒畅，那么就试第二次、第三次……在这一点上，与你父亲的观点相比，你更应该相信哈佛研究的数据统计。

而且你远不需要自卑，你有趣（我一直以为，“有趣”是对一个人很高的评价），有着自己的想象力和表达力。难道你不觉得“有趣”其实是影响人际关系中的重要因素？所以，请不吝于在他人面前表现出你的“有趣”。我相信，展现出真实自我的你，一定会被他人喜欢，一定会有好的人际关系。

然后，幸福地生活下去。

不一定需要面朝大海，也别非等什么春暖花开。

# 我只想一个人孤独地成长

老师您好！我觉得孤僻也挺好的，您可能说我心态不健康。

我们班上没有几个同学把我当好朋友，也可能完全没有，而我的性格可以完全无视这个，承受得住没有真正了解我的人。

在网上，我认识挺多的人，他们和我共同话题也多。有个网上认识的好朋友和我聊到关于同学的话题，我了解到其实他也很孤僻，甚至和我一样，不希望有（准确说是没有）现实中的好朋友。他比我大，所以他跟我聊到这个话题的时候，很认真地说，社交这个东西很重要，以后的社会很多都是托关系，所以以后的日子要多在身边交朋友。

我觉得，我跟同学们的关系不够好的原因挺多，我不太喜欢他们聊的话题，而且他们有自己的知心朋友，导致他们没有时间和我聊天，所以我一直是在网上认识朋友。很多时候，我只想一个人孤独地成长。

我的心一直说服我：你只需要你自己……但是我很清楚，我只是希望有人关心我。从小到大我都缺少关爱，我一直希望我能够消失一段时间，因为我认为，一切都是因为我不够强大，等我拥有了力量，强大了，再给他们看看！但是，这仅是我的一种不健康的心态。

我也会憎恶一些同学，他们根本不懂我，却在一知半解的情况下就乱说我的秘密。但我也懒得管，我只希望我能转回老家，去重新开始，去实现我心中的那个懦夫般的决定。

我觉得，或许我在学习中的松弛，让我慢慢疏远了他们。就例如昨天吧，我问同学要他手中的数学试卷，我想看看我能否算出来。但是他只回了我一句："我都算不出来，给你有什么用？"这和我那两个现实中的朋友说的话一样："我们都算不出，你来看有什么用？"

我只想上去给他们一拳。我讨厌被轻视，我只想自己一个人慢慢地、懵懂地成长。

“这么敏感，的确不大好办。生活中，人难免会有许多困扰，会更敏锐地捕捉到来自这个世界的各种信息。父母随口的一句言语，朋友无意的一个眼神，甚至于一阵秋风、几片落叶，都有可能引发一阵伤感，严重的时候，甚至会流下泪来……”

这是我以前所写过的一篇文章《敏感者的幸福与代价》里的话语，而你与那位来信的高中生一样，是个敏感的孩子。

而且你的来信也让我反思以前的自己。那个时候，我与你同样敏感。你写下的那些感受，我基本都能感同身受，我能感受到你对被轻视的厌恶，包括想上去给他们一拳的愤怒，以及那种“只想自己一个人慢慢地、懵懂的成长”的自我慰藉与怜惜。

“我不需要你们，我一个人就可以了！”内心的你，选择孤僻的时候，应该是这样的心态吧。

实际上，没有人可以一个人慢慢地、懵懂地成长，如果你想活得快乐、健康。

既然没有人可以孤独地成长，那么不如面对问题，不如试着和他人建立良好的人际关系。当然，这里所谓的“良好的人际关系”，并非指你的那位网友告诉你的那种社交关系。那种功利的、有明确目的的社交关系，是不会对你的快乐和健康有真正帮助的。对当下的你而言，喜欢和家人或朋友在一起，享受你们之间交往的快乐，才是好的人际关系的体现。

但是对你而言，要与他人建立良好的人际关系，先得解决你过于敏感的问题。

首先，我们得清楚，敏感大多源于自卑。在阿德勒看来，人人生而自卑。每个人因为婴幼儿时期的弱小，都会有天生的自卑情结。有的小孩在这样的过程中能得到抚慰，甚至逐渐形成自我安慰的能力。这样的孩子在成年之后，往往会有更强的安全感，也会更加自信。

只是，相当数量的父母并不能很好地感知并抚慰孩子的需求，更别说要孩子自我抚慰了。于是，慢慢长大的他们会缺乏安全感，会相对敏感。

其实，你已经意识到自己之所以说你“只需要你自己”是因为你希望有人关心你，因为你“从小到大，缺少许多人的关爱”。

但在这里，我不想过多地分析你的父母在你成长过程中的缺失，那可能有着复杂的原因。往者不可谏，来者犹可追，如何学会自我抚慰，重建良好的人际关系，才是当下的关键。

自我抚慰，首先要做到：接受自己，爱自己，并且信任自己。

有的时候你很努力，你很希望改变自己，但有些东西很难马上改变，很多进步的获取，都需要漫长时期的努力积淀。当下的平凡也好，家境的普通也罢，甚至有的题目做不出来，那些都是很正常的事情。若是别人说出的是事实，也实在犯不着因此而愤怒，若是感觉到被轻视，就去温和地证明是他们小看了你。你犯不着愤怒，甚至是给他们一拳。

你要明白的是，即便你的家境普通，即便有的题目你做不出，那也不代表你就低人一等。每个人的经历都是独特的，每个人都在以自己的方式感受着这个世界。从这个意义上讲，你是珍贵且独一无二的，有价值、有意义，值得被爱。而且，每次你认真做一件事情之后，都一定会有进步。

我想，很多时候你的同学们并没有那么多的恶意。知道别人的秘密就想大声说出来，大概是那个年龄段小孩的天性吧。这种做法的确会伤害到他人，但这应该不是他们的本意。像那位同学说的："我都算不出来，给你有什么用？"其实那也只是很普通的一句话而已。我们每个人都有自己需要关注的事情，他在认真做题目的时候，不会希望受到别人的打扰。我想有的时候你也是如此。所以，不要过度解读他人的语言，甚至神情、动作，很多时候，那并不代表他就真的轻视你。

简单说来，就是要弄清楚两点：我们每个人并非是这个世界的中心，我们每个人都可以承受来自他人的伤害。

是不是觉得以上两点有点矛盾？其实并不。

我们都有价值，都是这个世界上独一无二的个体，但也并非是这个世界的中心；我们都值得被爱，但同时也都能够承受伤害。

而且，你还得明白，在当下的问题面前，你并非那么无助。你可以通过自己的努力，去改变你的状况，去沟通，去交流。你可以去告诉那位同学，那天他说的话让你感受到了轻视，但可能是你自己太敏感；去告诉那个说你秘密的人，你觉得那样不好，请他下次不要再这样。

当然，如果他们并不赞同你的说法，那也不代表他们想要伤害你。

通过这样的交流，通过一次次的沟通和相互理解，你会有属于你的好朋友，甚至与周围的同伴建立良好的人际关系，从而不再孤独地成长。

愿每一个敏感的孩子，最终都能获取快乐和健康。

第六章 | CHAPTER SIX |

# 勇气：重新喜欢这个世界

# 去恋爱，但别去找对象

老师，我先介绍下自己，我是一个计算机专业的女生，研二，如果一切顺利的话，明年 4 月毕业。

唉，最近我的内心一片焦灼，因为遇到了烦心事：我在 6 月 12 号那天向实验室的一个男生表白，被他拒绝了。

这是我“开天辟地”的第一次表白啊。

您听了，可能会笑。

其实令我更加焦虑的不是暗恋很久的人不喜欢自己，而是因它而带来的压力。

6 月 13 号，被拒的第一天，可能是反射弧较长，我还没有伤春悲秋的矫情，照样在我们共同的好友群里发言、聊天。仿佛一个豁达的江湖儿女，快意恩仇，拿得起放得下，没啥了不起。只是他反而沉默了一些。

好朋友担心地问我："一个实验室的，你俩以后见了面不尴尬吗？"

我那天还拍拍胸脯大无畏地说："反正我不会啊，喜欢一个人有什么好丢脸的，被拒又有什么好尴尬的，都成年人了啊。"

可要命的是那天晚上我辗转反侧，竟然失眠了，我再也不是白天那个潇洒的女侠了。看来，失恋真的像感冒一样，该来的症状总会来的。除了躺在床上回忆往昔外，我耳边还有母后大人那苦口婆心的劝诫："学习的事要放一放了，女孩子跟男孩子不一样，女孩子找对象就要抓住这几年黄金期，过了 30 岁，选择的范围就越来越窄了。"

我没有不以为然的意思，母后站在她的年纪，凭借她的经历，说出的这番话其实是很中肯、很接地气的。可关键是，爱情不是说找就能找到啊。它甚至不像学习那样，努努力，认真点就能解决。

可能您也看出来了，说实话，我内心深处也很担心"注孤生"的结局。

这还仅仅是表白被拒而带来的第一份焦虑感。

6 月 14 号，我有一场公司的面试。我的面试效果不太好，被刷掉了。当我走出面试大厅，望着外面灿烂如火的阳光、川流不息的车辆时，我突然蒙掉了。

虽然这只是个用来“打怪升级”的面试，我也并没有将这家公司列在选择清单中，但是这次面试的失败无疑是一个小小的警钟，让我看到潜伏的危机。

是的，这是表白被拒带来的第二份焦虑感。

而我喜欢的那个男生，他面试效果很好，顺利晋级到下一轮。他在好友群里分享面试题和算法，大家也在积极谈论着各自的面试经历。而我，一点儿都不想讲话。

我知道以后该怎么弥补专业上的不足，也清楚以后该以什么态度与他相处，可是在这段“心情过渡期”里，我不想笑，也不想讲话，好像被摄魂怪吸走快乐了。我干吗要洒脱，我明明在恋爱上受挫了；我干吗要想得开，好不容易有喜欢的人，偏偏一厢情愿；我干吗要乐观，自己的专业水准明明不过硬啊。

那天面试结束回到寝室后，我特想找个人讲话，特想找个人夸我，但是没其他人在。我打开广播听节目，当时听的是《金星秀》。金星调侃别人的语调一出来，现场立马笑倒一大片。我不知怎的，听到那阵欢笑声，却一下子“哇”地哭出来。那一刻我承认了内心的害怕，害怕未来就这样了，害怕再也没有快乐了。

可是就目前而言，正能量的话对我来说不受用。为什么前方就一定有幸福快乐？谁能保证受过痛苦，经历过苦难的人最后就一定能拨开云雾见天日？就好像，我这次被喜欢的人拒了，我未来就一定能有美好甜蜜的爱情吗？如果我现在生了一场病，以后就能拥有健康的体魄吗？我见到的更多的情况是，困难并没有解决，甚至还会继续困扰下去，只不过身处旋涡中的当事人心态更平和，经验更老道而已。可实际问题依然在啊。

嗯，这也可以理解为由以上两份焦虑感而引发的迷茫无力。

你好。

作为老师，有时候我觉得自己还算小有成就。大概是因为我具备了解释、说服的能力，我总能针对一些事情讲出那么一点道理来，从而使我的学生信服我所说的东西。即便他们内心并未信服我，但至少表面上总是一副理解认可的模样。

由此而来，教书生涯中所遇到的大部分问题都能迎刃而解，甚至同他们建立良好的关系，使得自己不时也会觉得满足，甚至感到骄傲。

但坦白说来，仍然有不少问题，我一直无法说出让人也让自己都心悦诚服的道理来。

特别是恋爱。

我是一个中学语文老师，就在一周前，我上完了这个学期语文课本的最后一课。那是两首诗词，一首是唐代崔护的《题都城南庄》，一首是宋代苏轼的《蝶恋花·花褪残红青杏小》。这两首诗词，都是很好的古人思春之作。无论是“人面不知何处去，桃花依旧笑春风”的失落与怅惘，还是“墙内秋千墙外道，墙外行人，墙内佳人笑”的内心萌动，都是关于青春期那种美丽情愫的表达与阐述。

关于爱情，那是文学的永恒主题。若是抛弃这一点，只怕大部分文学作品都会失去生命力，语文课本也将变得更加枯燥无聊。

只是可笑的是，我们一边让孩子们读着“人面桃花相映红”，背着“多情却被无情恼”，却同时大谈恋爱给他们带来的坏处。虽然有的时候未必明说反对，但一直给他们各种暗示：中学生是不能谈恋爱的。

我想，这是一个困局。一方面，几乎每个成年人都能理解那种青春期的萌动；另一方面，当下的环境——无论是学校，还是家长及社会舆论，都远未开放到能接受中学生恋爱的地步。而且，由恋爱而带来的管理问题，以及对学习的影响，甚至于其他一系列可能带来的伤害，都促使父母、老师一旦发现类似的事情，便如临大敌，想方设法地去阻止。有的时候，他们也会讲道理，但大多数时候都是蛮横地阻断学生之间的联系。在我教过的学生之中，有的因此被母亲抽耳光，有的因此被父亲踢了两脚。

我想，这应该是每一个父母都担心过的问题，也曾让每一个中学老师都为之头疼。

是啊，作为老师，我当然知道中学生恋爱有可能带来的影响和伤害，而有的影响和伤害更是不可逆的，甚至可能会一生与你相随。

做班主任的时候碰到类似的事情，除了告诉他们“恋爱绝非人生全部”之类的话之外，我只能交给家长处理。

所以，在关于“谈恋爱”这一问题上，我一直在想该如何去讲道理才合适。而且你也不再是中学生，除了鼓励你大胆恋爱之外，我也提不出什么有用的建议来。

但是，你的来信却给了我另一个角度的思考。

你说，你的母后大人曾苦口婆心地对你劝诫：“学习的事要放一放了，女孩子跟男孩子不一样，女孩子找对象就要抓住这几年黄金期，过了 30 岁，选择的范围就越来越窄了。”

我不知道你的中学时期是怎么过来的，也不知道那个时候你是否有过谈恋爱的想法和行动。但是我想，你肯定有过青春期的萌动、恋爱的想法，只是实际行动大概没有过，否则也不会到现在才有第一次表白，才因此而内心一片焦灼。

看到你母亲的那句话的时候，其实我特别想知道，你的母后大人在你中学时期扮演了什么样的角色，在你内心有青春萌动的时候，她是怎么让你看待恋爱这件事情的。

我在想，中学时期的你，是否听腻了父母、老师关于早恋危害的教育，是否一直被告知哪个班级的某某因为早恋而成绩下滑，茶饭不思，甚至生活不能自理，从而让你也开始认为恋爱是中学生万万不能做的事情，然后压抑内心情感，更加努力学习。

时间流逝，你的确通过你的努力，获取了某些方面的成功，考上大学，考上研究生。但同时由于早年的那些情感压抑，由于缺少一步步试错的过程，你也失去了成长的机会。至于恋爱的水准，你依然还在中学生阶段。

然后，母亲开始着急了，开始劝诫了："学习的事要放一放了，女孩子跟男孩子不一样，女孩子找对象就要抓住这几年黄金期，过了 30 岁，选择的范围就越来越窄了。"

我突然觉得悲哀，似乎在你的母后大人看来，人生就是由一个个任务组成的：学习是任务，考大学是任务，连谈恋爱也是任务。不对，在他们那里，那不叫恋爱，那叫找对象。

忽然有一种"时间到了，该给家里的小母牛找一头公牛"的感觉，希望这样的比喻不至于引起你的反感。

好累啊，那样的人生。难道你不这样认为？

似乎在父母眼里，所有的孩子都应该具备一种奇妙的能力：中学时对恋爱全然免疫，最好连恋爱是什么东西都不知道；而一旦读完大学进入社会，便个个都成为恋爱大师，喜欢谁就是谁，爱谁就是谁，并能够立马结婚生小孩。

当然，那不仅仅是你母亲的问题，那是整整一代又一代人积累下来的问题。甚至作为老师，这样的问题也存在于我们自身。

但这件事也让我开始警醒，很多事情，我们不能因为背后有潜在的风险，便去回避，便去拒绝。与其说人生是任务，倒不如说人生是选择，每一个选项背后都有风险，每一个选择背后也有潜在的可能。想要那样的可能，便需得承受相应的风险。

只是，把握选择、决定选项的那个人，不应是你的父母，而是你自己。

学会为你的选择承担责任。你既然因为当年的选择失去了恋爱和成长的机会，那么当下就更应该努力创造机会去试错；既然没有人教你谈恋爱，那么只能由你自己摸索前行。第一次表白被拒，那是再自然不过的事情。找到你喜欢而同时又喜欢你的人，本来就是概率相当小的事件。如果是真的喜欢，被拒绝也没什么。

但是，若是单纯因为“女孩子找对象就要抓住这几年黄金期，过了 30 岁，选择的范围就越来越窄了”这样的原因而去找对象，那不得不说是一件悲哀的事情。

所以，努力前行，去恋爱，但别去找对象。

# 你没那么喜欢他，你只是不甘心

我在和男友闹分手，理由是他说我孩子气，不懂事，在朋友面前不给他面子，他忍不了了。男友说让他清静一个月，可现在一个月早到了，和他联系，他也会回复我，只是很客气，见面后也关心，问我吃得好吗，睡得好吗，就是不提两人感情的事。亲爱的草履虫，你说他是什么意思呢?

这是在考验我?还是只想和我做普通朋友?他妈妈给我打电话说，根据她对自己儿子的了解，应该是没下决心，还在犹豫。我应该相信吗?

见信好。

看了你的来信，你前男友对你的态度其实非常明显。回复是因为礼貌，客气是为了保持距离。问你是否吃得好、睡得好，与其说是关心你，倒不如说是关心他在你心目中的地位：哪怕我不怎么喜欢你，但是也喜欢你被我的魅力所俘获的感觉；如果你能因为我的离开而痛苦，那似乎也是能够暗自欢喜的事情。

至于其他，对他而言好像没那么重要。否则他为什么不说继续？照目前的情况，他只要一提和好，你便会满心欢喜地飞奔而去吧？或许他都不用提，只要表现得稍微热乎一点，你们大概就能继续下去了。他之所以会犹豫，只是眼下还没有更称心的对象。否则，下决心是分分钟的事情。

而且，大多数分手的理由，都只是表面的理由，直接点说就是借口。古人打仗多称“会猎”，士兵竭尽全力抓了敌方首领也一定要言辞道歉一番，说是“一不小心抓住了你”之类的。台面上的话，是不能全信的。所以，“孩子气啦，不懂事啦，朋友前不给面子啦”诸如此类的话，听听就好，别太当真。

当然，以上分析也只是大概率事件，当然不可能百分百确定。但可以确定的是，他没那么喜欢你。至于是接受没那么喜欢你的他，还是自此转身离开，都可以是你的选择。

但据我了解，大多数人在这个时候，通常会不甘心。那么，你的选择呢？

在我做了以上回复之后，来信的女孩很快又回消息：

“对，我不甘心，妈妈帮我算了下命，说外面有人在诱惑他，我就更不甘心了！”……“这一个月我都没睡好，脑子里全是他。所以我不放手，不放弃。”

看到这里，我忽然觉得回复的徒劳。这样的过程，再次让我联想到东野圭吾的小说《解忧杂货店》：敦也、翔太和幸平虽然能够基于现在，给过去的“月兔”以百分百确定的建议和帮助，但到最后，“月兔”还是按照自己的方式去做选择，去完成自己的人生，并且无怨无悔。

说到底，我们每个人终究还是生活在自己的世界，看着自己愿意看的，说着自己愿意说的，评判着自己愿意评判的，相信着自己愿意相信的。

这很正常，也并不值得遗憾。我只是觉得从这个角度来讲，人都是自我经验的囚徒，人们大多数时候的判断，感性、主观，充满了幻想。

大概正是为了弥补这个，才出现了哲学和心理学，两者都试图以理性的方式来解决人们自身精神世界的问题，来梳理自身与他人、社会，乃至与世界之间的关系。

只是在爱情这一方面，谈理性实在是奢望。在我看来，她当然不应该回去找她的男友，而且不甘心的心态和相关举动在爱情博弈中基本毫无作用。

但同时，我并不觉得上面姑娘的不甘心有任何不对，虽然她不理性，而且很可能会再次受到伤害。

这大概才是爱情本身的意义。那让她一个月来吃不好、睡不好，让她被分手却仍然不甘心，让她伤心不已、痛不欲生的……不是他，是“爱情”。

“对，我不甘心……”

我想了想，忽然不知道如何继续回她的信息，是继续劝她就此罢手呢，还是鼓励她大胆向前？

我不知道。

而且，此刻我的眼前出现了《菠萝油王子》里的那段经典镜头。那个满肚子猪腩肉的中年大叔麦炳，到底还是无法抛弃自己本来的身份，无法忘记自己作为王子的过去。他一次次在深夜中醒来，一次次在木板床上辗转反侧，最终他下定决心，给妻子玉莲写下了那封动人心魄的离别信（此时我的耳边，甚至出现了刘德华那深沉的粤语配音）：

“我是一个没用的王子，没骑过白马，没斗过恶龙……后来，我以为我已经接受，尤其是遇见你。我以为我可以做一个踏踏实实、平平凡凡的快乐人。我和自己说：眼前的东西已经是上天再给你的恩赐，是你再一次去学会珍惜的机会。但事实上，我不甘心……”

是啊，我不甘心，不管是关于梦想、关于身份，还是关于爱情……

很多时候，我们希望我们能够理性，但大多数时候控制我们的，还是直觉、情感和本能。

# 你可能只是想逃离眼前的庸常

见信好！

来信的我已经不是青少年了，可我最近遇到一个问题，无处述说，心里好难受。

我跟老公在一起10年了，女儿8岁了，我们感情一直不是很好，经常因为一些小事大吵。我们的价值观不同，每次有什么事总是说不到一块儿，他一心想做股票，我却觉得不靠谱。他相信做一切事情都可以靠命运，一切皆有定数，可我觉得一切都是可以改变的，人应该去拼搏、去学习、去提升。

在一个读书群里，我遇见一个人，他一语道破我的心思，鼓励我去学习、去跑步，我坚持下来了。我觉得自己爱上他了，可是他心里爱着别人。他告诉我，他只是把我当朋友、知己，以后还是可以鼓励我、帮助我。

可我却没办法把这份感情放下，他甚至是我一切努力的动力。我心里很纠结，一方面我背叛婚姻爱上别人（但是我们没有做过任何越轨之事，只是精神上有交流）。和我老公结婚也是因为那时候刚好经历了感情失败，心灰意冷，想着找个爱我的人过就算了。我老公也明白我们之间没有爱情，但他想保住家庭给女儿一个安稳的家。我想离开他，就算一个人过也好！

另一方面，我也舍不得女儿去面对我们失败的婚姻。自从我觉得自己爱上别人之后，我们就没有同房过了。他主动过一次，我却没有任何感觉，之后他也没有主动过。其实他一直在迁就我的脾气，可是他始终不知道我要的是什么。我跟他提过离婚，他只是问我孩子怎么办。

我是一个优柔寡断的人，一方面我明白我们之间没有爱情了，这样下去很辛苦，想一刀两断，可是又舍不得女儿；另一方面我喜欢的人是我不该爱的人，他不会给我任何承诺，我的爱在他面前是那么卑微，我没有自信面对他。我们彼此约定，我努力三年，如果三年之后我还喜欢他，有勇气站在他面前，他就给我一个公平的机会。可是，我害怕我的卑微最终导致一切都只是一场梦。

我站在十字路口，觉得好迷茫，每天都在纠结该怎么办。

我左顾右盼把自己弄得狼狈不堪，心神不定，他总是叫我看清自己心里想要的是什么。可我已经失去自我了，我一会儿觉得人生应该勇敢一次，想爱就爱，一会儿觉得他已经摆明了心里有别人，我是不是很傻，爱别人胜过爱自己，这样的我到最后会很惨。理智上来说，我不应该对他有幻想，应该快刀斩乱麻，可是我不忍心，他几乎是我前进的一切动力，我不想放弃他。

我觉得自己快疯了，我迫切地需要做一个决定。我想一个人出去住一段时间，好好整理一下心情，可是我看不清自己的心，我没办法说服自己做好决定之后不再犹豫，不再迷茫，一条道走到黑。我恨自己为什么总是这样徘徊，不能坚定内心的想法。我想要求助，可是不知道问谁。

如果你们看到我的来信，希望能尽快回信给我，谢谢！

不管是怎样的回复。

见信好。

每学期将要结束的时候，学生们都会把班级图书角的图书送到班主任那里。上学期这个时候，坐我斜对面的余老师一边填写学生成长手册，一边和站在他身旁的小女孩聊天：

“你看了什么书？”

“《包法利夫人》。”

“讲了什么？”

“讲了一个女人，她结婚了，嫁给了一个医生……”

这个时候，我被他们的对话吸引，我很想知道当下十二三岁的小女孩是怎么看《包法利夫人》的。

但是，小女孩没有继续说下去，余老师也没有追问，他在继续认真地填他的成长手册。小女孩说了什么，或者《包法利夫人》是一本怎样的书，他好像并不太关心。

对这一点，我并不觉得奇怪。虽然我是语文老师，但是在很长一段时间里，对于《包法利夫人》到底讲了什么，我也毫不关心。

学校里每年都会举办读书节。在读书节上，老师们都会下发大量的推荐书目，书目中不乏世界名著：《红与黑》啦，《包法利夫人》啦，《安娜·卡列尼娜》啦，《约翰·克利斯朵夫》啦……

每次看到那样的书目，我都一阵头大。我一直记得读大学时看《约翰·克利斯朵夫》的情景，我花了大半个学期，费尽心神，才将那本厚厚的书读了三分之二。但后来，还是无法坚持下去。那个时候的我，根本不知道那本书要说什么，书里写的内容，后来也毫无印象。

“那个家伙，居然读《约翰·克利斯朵夫》。”有室友说。

从此之后的很长时间，我几乎都不再看世界名著。

因为那个时候的我看不懂。

所以，作为中学语文老师，我并不提倡中学生去看世界名著。因为它们中的大部分，你可能看不懂，并很可能因挫败感而产生对那些名著的反感与厌恶，《包法利夫人》也是其中之一。

前段时间，正好与朋友谈起这本书。她那个时候刚刚看完，然后略带急促地跟我分享书里的故事。她讲述时给我的感觉，并非是在讲一个万里之外几百年前的人写的小说，而是在讲一个发生在她身边的故事，而且非常明显的是，那个故事震撼到了她。

她在那种情绪下的表述，很快抓住了我，并让我渐渐心生不平，甚至一度让我焦躁和愤怒。

我知道，那是深深代入故事中的人物的感觉。我相信她也有这种感觉。

“你代入了谁？”我问，“包法利，还是包法利夫人？”

她想了想，说：“都有。”

是的，都有。我似乎听到“啪啪”两声，有人在百米之外开枪，然后连中靶心。

那实在是一部很好的小说，只是大学时的我也没办法看懂。要看懂一本书，并非只是看懂里面的文字和它语言中所要表达的意思。更重要的，是通过文字和故事捕捉到作者当年写下那些文字的心态、情绪感受，乃至内心的所思所想。

没有人生阅历和因此而带来的思考，你就没办法捕捉到这些情绪，也没办法被那些文字和故事击中。即使枪手的枪法再好，击中的也只是另一个世界的靶心。

看到这里，你可能开始烦厌：这和我有什么关系？

当然有关系。你的来信，让我想到了福楼拜的《包法利夫人》，并且，我建议你去看这本书。以你当下的心态，我想你看到的《包法利夫人》和余老师班级小女孩看到的《包法利夫人》，一定不是“同一本书”。

结婚以前，自以为就有了爱情，可是婚后却不见爱情生出的幸福。欢愉、激情、陶醉，这些当初在书本中读来的美好字眼，生活中究竟指的是什么呢？她渴望答案。

她睁大一双绝望的眼睛，观看她生活的寂寞。她像沉了船的水手一样，在雾蒙蒙的天边，遥遥寻找白帆的踪影。

然而，假如夏尔是一个有心人，假如他会察言观色，假如他的眼睛能够接触到她的思想，哪怕只有一次，那她觉得，千言万语就会立刻源源不断地从她心头涌出来，好像用手一摇墙边的果树，熟透了的果子就会纷纷落下一样。可是，他们生活上越接近，心理上距离反倒越来越远了。

她爱海只爱海的惊涛骇浪，爱青草仅爱青草遍生于废墟之间。她必须从事物得到某种好处。凡是无助于她感情发泄的，她皆看成无用之物，弃之不顾，正因为天性多感，远在艺术爱好之上。她寻找的是情绪，并非风景。

——《包法利夫人》，李健吾译，人民文学出版社你的来信，让我想到书中的这些句子。

如果你没有看过这本书，赶快去看看吧。如果你已经看过，可以再看一遍，你一定会更有收获。

或者再去看看《安娜·卡列尼娜》。

对，以上两部小说，讲的都是关于女性出轨的悲剧。而包法利夫人的悲剧，更是到了让人郁闷愤怒的地步。

好的文学作品，一定能够展示人们内心的幻想与现实的纠缠、欲望和伦理的冲突，并且不论对错、不谈道德，只是冷静地、旁观地甚至冷血地叙述。

我想，如果你看完以上两本书，你会发现，洞察人性的福楼拜和托尔斯泰已经通过自己的文字，给了你最好的建议：你内心的幻想和欲望，或者说对爱的追求，都没有错，甚至能够给你的人生增添光彩，但是那样的故事很有可能会以悲剧结束。

当然，那都是小说。好的小说，一直是追求悲剧性给人带来的震撼，现实社会当然不一定会这样。而且当下的社会也并非十九世纪的法国或俄国，而这不同寻常的一两百年，改变了这个世界的许多东西。不变的是人性，是人内心的幻想和欲望，变化的是社会结构，是人们的观念。人们开始认为男女平等（至少口号如此），认为女人不再是男人的附庸，认为每个人都应该有追求爱、追求幸福的自由。

是的，内心里我无比赞成这样的观念，并以拥有这样的观念而自豪。

我甚至想，若是每个人都能持有这样的观念，大概《包法利夫人》的结局将会改写。

但事实上，大部分人的内心并不见得那样想。更关键的是，包法利夫人自己也没有那么想。爱情是她一生最大的梦想与渴望，除此之外，她并没有其他的追求。她的出轨，更多的是对于眼下日常的厌倦，她想逃离眼下庸常的生活。为了这个，她可以抛弃一切：丈夫、女儿，甚至可以作为立身之本的金钱。

好感人，是不是？但结果是，她自杀而亡，丈夫在穷困中郁郁而终，遗下的女儿做了苦工。

现实不等同于小说，我们能在现实里找出很多离婚并追求真爱的案例，它们的结局虽然未必那么美好，但往往也非《包法利夫人》一般的悲剧。但是在那些例子里（大概是因为娱乐女明星的感情生活能更多地展示在大众视线里，我们能找到不少发生在女明星身上的事例），女主一定有自己的追求，有自己的事业，经济独立。也就是说，能取得不错结局的女主，大多都有着一定程度掌控自己人生的能力。

接下来，我们不谈道德，不论对错，单单讨论有可能产生的后果。

首先你得明白，幻想和欲望都有破灭的一天，永远的激情大多都不切实际，特别是当你喜欢的人并不见得喜欢你的时候。他和你的三年之约，若不是因为敷衍随口说说，那便有些自私。用三年时间来证明你对他情感的纯粹，对你来说难道不是一种残忍吗？

其次你得考虑，你有没有自己的追求，或者只是一直以来在追逐一个幻影？他的出现，是触发了你本身对跑步的热爱，还是你仅仅因为他才去跑步？如果没有了他，你还能继续跑下去并感受到跑步的乐趣，还能继续积极地对待你接下来的生活吗？

如果你发现自己一直以来都只是一个依附者（无论经济上，还是精神上），那么，打消出轨和离婚的念头吧。你的老公虽然一心只想投资股票，相信命运，但看得出来，他是一个善良和有责任心的人，至少在考虑女儿的感受方面，他比你强太多。

虽然你在信中没有明说，但我还是能感受到你对老公的不满，甚至怨恨。我想，你需要思考清楚，你对他的怨恨，到底是因为他的原因，还是源自你的内心？是否因为自己不能改变目前庸常令人厌烦的生活，找不到自我的实现，所以才怨恨丛生？

而你丈夫的无从回应，更让你觉得和他在一起就是个错误，是他毁了你寻找自我的希望！

所以，我希望你能想明白：想离婚，到底是想逃离老公，还是想逃离眼前的庸常，给自己的人生翻开一个新的篇章？

你当下的痛苦，来自你的犹豫不决，并非来自出轨或是不出轨、离婚或是不离婚本身的伤害，这二者无论你选择了什么，你的痛苦都会随之消散（当然其他的问题也可能随之而来）。

很多时候，不做决定，才是最糟的决定。

最后，无论你做出怎样的决定，无论你爱不爱你的老公，都请一定要爱你的女儿。

# 是否应该知道自己想要什么之后再恋爱

见信好！

我读了你的文章《关于幸福，你了解些什么》后，心里突然有了感触。我默默地想，自己的幸福是什么？

我今年35岁，女性，出生并成长于东北小城，19岁上大学来到南方，30岁决定去上海工作，34岁决定出国留学并移民。这些决定都是我自己做的，我觉得自己是有想法、有行动，还有能力实现想法的人。工作十一年，我在职场上算是顺利，在情场上却十分坎坷。

从初中时懵懂的情窦初开，到大学时持续四年的暗恋以及期间失败的表白，在30岁前，我没有一段可以称得上恋爱关系的经历。并非没有心动之人，只是难以促成两相情愿。

朋友们说我过于挑剔，而我却坚信，凑合不能带来幸福，甚至不能维持。跟一个没有太多感觉的人，如何可以日日相对，夜夜共枕，一起度过余生呢？

到上海工作可以算是我人生的一个转折点，这个决定的初衷也是希望自己可以开阔眼界，并继续寻找理想中的伴侣。然而，两千三百万的人口，并没有给我带来太多的恋爱机遇。我试过微信陌生人、婚恋网站、8分钟约会、朋友介绍、兴趣小组等各种可以邂逅新朋友的方式，但都以失败告终。

过去四年里，我唯一的一段恋爱经历是和在8分钟约会上遇到的Z发生的。我们第一次见面就拌嘴，拌了几句就拌出了火花。接下来一周的甜蜜约会进展得很顺利，没多久我便成了他的女朋友。那年我33岁，他36岁。

对于这样的进展，我自己也很惊诧，突如其来的恋爱关系让没有经验的我措手不及。而他，已经是身经百战了。我们持续甜蜜地约会了一个月，我的房东突然要收回房子，和他商量后，我决定搬过去和他同住。

迅速的同居生活并没有迅速地加深我们的感情，反而让我们过早地暴露在生活的琐碎之中，失去了恋爱的情趣。在同居第三个月时，我们有了第一次争吵，尽管之前有些事情一直有分歧，但这次争吵的激烈程度直接导致了最终的分手。

一个月后，也就是我们认识的第五个月，我搬出了他的家，我们正式分手了。

回头看看这段感情，有点冲动。分手的原因，不是因为他另有新欢，或是我移情别恋，只是因为太过急促而浓烈的感情无法容忍平淡。

虽然在第二年，他一度想要挽回我，我们又蜜月般的好了近两个月，但是结局仍旧一样，我们再度一拍两散。

经过这段感情，我对自己有些担心，担心自己不知道如何恋爱，不知道如何维系感情，又对自己有些忧虑，担忧未来不会再碰到有感觉的人，担忧自己孑然一身，终了一生。

这样的担忧，源自我的原生家庭。6 岁前，我拥有幸福的童年，父母的疼爱。然而随着母亲生病，父母出门求医，母亲最终在我 11 岁时去世。从 6 岁到 11 岁，我的人生似乎过了五十年。父母出门求医时，我先后被寄养在奶奶家、舅妈家、姑姑家……我一面看着亲戚们疼爱自己的子女，一面忍受着寄人篱下的痛苦。不是他们对我不好，只是终归不是自己的父母。后来母亲去世了，而我的归属问题成了父亲和奶奶讨论的焦点。奶奶坚持把我带走，她担心我会成为父亲再婚的负担，而父亲坚持把我留在身边，打算亲自抚养。我对最终结果十分担忧，我不想离开父亲，但我又不能左右他们的决定。最终，我留在了父亲身边。第二年，父亲再婚，我和父亲一起搬入继母家，开始了下一段生活。草履虫，你能理解一个 11 岁小女孩面对那种处境时无能为力的心情吗？

和继母一起生活，让我如履薄冰。在外人眼中，她是合格的继母；在我的眼中，她只是负责起居、做饭、洗衣的人，她不是我的母亲。她有自己的孩子，她关心、爱护自己的孩子。而我，是她的义务，不是她的孩子。虽然我这么说过于绝对，但是道理就是这样的。从12岁到19岁，我的人生又过了七年，家庭经济情况的恶化，使我这七年忍辱负重，无比漫长。终于，高考结束，我选择了我能去的最远的地方，逃离了这个家。

大学四年，父亲因为迷恋传销、妄想一夜暴富，先是和继母离婚，后又负债累累。而我也在这四年中艰难度日，打工做家教，自己养活自己，用国家贷款和向亲戚借债交学费。这是一段黑暗的时光，我庆幸自己当时没有堕落，而且坚持挺过去了。工作之后，我的境况日渐好转，算是云开日出。

没有母亲陪伴的青少年成长期，和父亲关系的不断恶化，这样的经历使得我独立、决断，并自由选择我想要的。虽然性格如此，但是我仍想有一个人可以与我分担，成为我的顶梁柱，为我遮风挡雨，与我朝夕相伴。时光一年一年过去，转眼我34岁了，经过一番思虑，我决定出国看看，不知前途等待我的是怎样一番天地。

在国外生活了一年，也约会了一些男性，但终没有遇到合适的人。直到上周，他的出现。“对着星星许愿”，我喜欢他的昵称，我们迅速通了电话并见了面，感情快速升温。然而我发现他要的亲密关系似乎有些不同寻常，他不能容忍两地分离，每天都要通电话或是见面，他要成为那个对我最为重要的人。我觉得他太极端了，于是凭借着一点心理学知识，我问及了他的童年。

他的父母不是因为爱情，而是迫于长辈的压力才结婚生子。在维系十五年婚姻，并生育了四个孩子后，他的父母终于结束了婚姻。他是长子，他开始以为所有的家庭关系都是冷漠的、自私自利的。13 岁时，他突然意识到自己家庭的问题，从而出现了心理问题，他不能上学，不能好好吃饭，过了很久才好转。18 岁时，他被一个少妇骗到了陌生的城市，发现谎称 19 岁的女孩居然是一个三十多岁的已婚妇女，有丈夫和孩子，而他则以客人的身份，在那个家庭生活了半年，并有了第一次性关系。他并不想这样，但一个 18 岁的孩子在那样的困境中，又有多少选择呢。慢慢地，他开始打工，好不容易有了正式的工作，却发现公司的老板试图利用职权威逼利诱他成为自己的同性恋伴侣。他再一次陷入困境，最终没有屈服。他的妹妹，曾指控他侵犯，并对证法庭。这些遭遇足以影响他的性格。他无法相信陌生人，需要别人通过行动赢取他的信任。他要的理想伴侣是永不离弃，永不分离。他没有在那些困境中堕落下去，而是在 24 岁时开始接受大学教育，29 岁成为程序员。今年他 34 岁，刚刚成立自己的小公司，虽然只有他一个人。这样奋力向上的经历打动了我，他所要的亲密关系也打动了我。

可是，我还没有赢得他的信任，我随便一句话就有可能把他点爆，然后直接和我说分手。虽然认识他不到一周，我们几乎每天都在分分和和，我也在摸着他的脾气，但仍对他一点就爆的脾气心有余悸。铺垫了这么多，终于说到标题了，对，我进退维谷：我可以马上放弃，我也放弃过两次，但他都把我挽回了；我想再继续了解他，但又怕自己越陷越深，导致分手时撕心裂肺。或许，我们可以有一个好的结局，但是希望又是那么渺茫，我真的想听听你的意见。

见信好。

我喜欢你的文字和表达，看来信的时候，我似乎也在心怀紧张地陪着你走过了你人生的五年和七年，然后，一直紧张到你的现在。

这明明是看好的小说才会有的感受嘛。

但这不是小说，而是真实的人生，真实的故事。而当下的我，正在试图与真实的你产生交流。我并不觉得我的回复能改变你的决定，但是作为回复者，总是难以避免自己的话语对人产生影响。

由此，我甚至自责现在才来得及看你的来信并回复，并担心因我没有尽到义务而让你深陷于困境之中。

我并不觉得你当下的对象，于你而言是好的选择。

在这里，我用了“选择”这个词。我知道，很多对爱情抱有美好想象的人，都不喜欢这个词。以前的我也是如此。年少的时候，我总会不自觉地幻想某天，有那么个百分百的女孩出现在我的生命里，我们相遇、约会、结婚、生子，然后幸福美满且毫无遗憾地生活下去……那个时候的我们，以为爱情应该是这样的，顺理成章而又完美无缺，自然而然却又天下无双。

这才叫爱情嘛！需要选择，需要衡量的，算哪门子爱情？

等到长大之后，我才慢慢明白：天下万事，都离不开“选择”二字。衡量利弊而做出理性的抉择，是每个人成长途中的必修课。

通过这场必修课的考试，你慢慢走向成熟，可以相对轻松地活在这个世界上了。

只是，那些美好的幻想，那些从未实现而且永远也不可能实现的憧憬，从此便消逝在我们的生命之中。

从这个角度讲，我也不知道哪种人生态度是对的。是一直保持年少，保持对爱情、对未来的美好幻想？还是从此成熟、理性、客观地面对世俗的琐碎和平实？

我无法确定。

但说到底，这其实还是选择的问题。选 A，有激情，有梦想，但也需要不时吞下不成熟的种种苦果；选 B，有理性，有从容，但从此也抛弃了属于年轻的活力，抛弃了可能带来激情的悲喜。

当然，我们多希望能有完美无缺的选择：既有年少的梦想激情，又有成熟的理性从容。

现在每次听到有人说“既要……又要……”之类的句子，都觉得说那样话的人，要么是顽固得不可救药，要么是在通过玩平衡来糊弄世人。

这个世界上，从来不存在完美无缺的选择。这，就是“选择”一词本身的含义。

但话说回来，这个世界还是存在一种相对“鸡贼”的选择的。比如说在以上的难题里，聪明人大概会做出这样的选择：年少的时候年少，成熟的时候成熟。这样的话，大概既能度过激情与梦想的岁月，又能无悔且相对理性地过完一生。

那么，我们姑且以这样相对聪明的选择，来看待你当下的问题。

你在来信中说：“工作十一年，在职场上算是顺利，情场上却很坎坷。”

你还说：“从初中时懵懂的情窦初开，到大学时持续四年的暗恋以及期间失败的表白。在 30 岁前，我没有一段可以称得上恋爱关系的经历。并非没有心动之人，只是难以促成两相情愿。”

很长一段时间以来，在我们收到的来信中，相当比例的来信有如下共同点：女性，30 岁上下，事业顺利，但爱情坎坷。

如果仔细观察就会发现，她们中的大多数都曾是听话的好孩子。

是啊，因为听话，所以一直努力学习，成绩不错，考上了大学，找到不错的工作，但是长大之后才发现，自己根本不知道怎样恋爱，如何与他人建立亲密关系，生活也并不幸福。

对于爱情，有一位妈妈发来这样的消息：建议女孩们，在自己大一的时候脱一点稚气，多长一些见识；等到大二知道自己想要什么、想干什么的时候再谈恋爱，否则美好的大学时光真的就这么浪费了。

我想，这位妈妈的消息应该代表了大多数父母的心理状态：听妈妈的话，晚点儿再恋爱吧，至少等到你知道自己要什么的时候再开始。

以前的我，也觉得这样的话正确。

但实际上，大多数的大学生，大一时稚气，大二时依然稚气，大一不知道自己想要什么，大二依然不知道。若是一直不知道自己想要什么，那么就一直不恋爱吗？我实在是见过太多人，终其一生都不知道自己想要什么。

你从不关注自己的内心，从不曾唤醒内在的自我，怎么可能知道自己想要什么？

而恋爱，实际上也是关注内心、唤醒自我的一部分。

你从未走上那条路，然后就想要直达终点？

当然，我能理解为人父母因安全感而对子女的担心，但再多的以爱之名，都无法掩盖话语本身逻辑上的问题。

在我看来，试错是应该趁早做的事情，而恋爱的过程，本身也是试错的过程。在你恋爱之前，你绝不会知道你想要什么样的爱情，想要和什么样的人在一起。许多事情，都是在一步步的试错中，走上了正确的道路的。

所以，如果你想要找到那个正确的人，就得珍惜时间，勇于尝试。

许多人都认为，《摩登家庭》在美国是一部三观极正、老少兼宜的电视剧，里面所有以F开头的词，都被屏蔽。（其实我觉得二十多年前的《老友记》三观也很正。）而在那样的电视剧中，无论是普利切特家的男孩曼尼，还是邓菲家的女孩亚历克斯，在进入青春期后，父母都鼓励他们去恋爱，去勇敢面对懵懂的情窦初开。而亚历克斯表现出对学习过多的关注，反而被父母一直担心。

当然，因为安全感，或许父母并不需要鼓励恋爱要趁早，但一定需要坦然面对，需要自然而然。压抑甚至污名化恋爱，一定是不可取的。其实，大学才恋爱，都不能算是自然而然的事情。若是强行安排恋爱的时间，更是缺乏对感情本身的尊重。好多人一生都不曾找到自我，但他们并不能因此就丧失了恋爱的资格。

在理想状态下，每个父母都希望孩子能知道自己想和谁在一起之后再去恋爱，希望孩子所做的每一个决定都是对的，最好一生一世不走弯路，也不犯错，从此过上幸福美好的生活。

是的，我也会这么希望。

但是，我也清楚，现实绝不会是理想状态。既然如此，不如让他们形成独立面对生活的勇气，无论是事业还是爱情，不如让他们多试错。奇怪的是，我们一直鼓励孩子在学习上多试错、多努力，在工作上多尝试、多奋斗，但我们却坚决反对他们在爱情上这样。

如果“知道自己想要什么再恋爱”这样的爱情观点成立，那么，相对应的事业观点应该是这样的：你应该等长大了，能够知道自己想要什么之后再去奋斗。

但我们显然不会这么对孩子说，我们在他们很小的时候就向他们灌输努力奋斗的观念，那个时候的他们，不可能知道以后想要什么。当然，与此同时，我们也会在他们一次次失败后鼓励他们，告诉他们不要被困难击倒，告诉他们如何在困难面前保护自己。

既然如此，当孩子们青春年少，情窦初开的时候，我们是不是也应该鼓励他们勇敢面对？

爱情是一件自然来临的事情，恐惧甚至对其污名化，肯定会对孩子造成不良影响。

所以，你之所以感情不顺，与原生家庭的教育不无关系（当然是指你来信提到的那些原因），但也没那么严重。你在来信中也说，6 岁前，你拥有幸福的童年。许多相关理论认为，原生家庭对人造成的影响，3 岁之前是最重要的。6 岁之后的苦难的确会影响到你，但影响没那么大。在我看来，你感情上的问题，大概也与其他来信者相同：你过于听话（不一定是父母，甚至老师，还包括这个社会施加给你的观念），你压抑自我，而到成年独立之后，终于开始释放内心里那久被压抑的激情与青春。

按以上那种选择，你（或者是上一辈的选择）完全搞反了方向：将老成留给了年少，却将青春拖到了成年。

你在当下的年龄，重拾年少的憧憬，我不知道这是幸运，还是不幸。

因为按照聪明人的选择，这样的年龄，大概更适合找对象。而你的两段恋情，都是在恋爱。在第一段恋情中，你们相识于拌嘴，并产生了火花，有激情在燃烧。但同时，燃烧的火焰也带来冲突，你们激烈地争吵，然后分手。然后他挽回，然后再分手。

我无法知道他是否是你合适的对象，但从你的表述看，他是爱你的，虽然他身经百战，但仍是爱你的。

而第二段恋情，从找对象的角度看，则是危险的。

“不能容忍两地分离，每天都要通电话或是见面。”有的时候，我们会把这些行为理解为“爱”，但实际上这是控制欲和不安全感的表现。任何关系中，强烈的控制欲都是危险的根源。其结果，要么是建立主次从属的控制与被控制关系，要么这样的关系被打破。

而正常的亲密关系，一定是建立在平等的基础上的。在那样的控制欲下，即便你们建立亲密关系，也只是两棵互生的歪脖子树互相纠缠。在那样的环境下，你很可能失去自我。

而且，在你主动提及的情况下，他所表述的一系列经历非常离奇。我无法根据这个来判断他骗你，但你也不应该因此就被感动，从而抱着一种拯救者的心态去面对他。

拯救者的心态，实际上也是各种关系中的忌讳。

而且当下的你，并不适合去做拯救者。当然，若是你以帮助他人为此生目标，那另当别论。但根据来信，显然你不是。你所希望的，是美好的恋情和归属。从这个角度看，我无法认为他就是你要找的那个人。

在聪明的选择者看来，你已不再年轻，在本应成熟的年岁里，已不再适合做那些本是年少时应该做的事情。

回头再看了一遍回信， 想再次明确一点：我并不赞成前文所提的聪明选择，所以我称之为“鸡贼”。在我看来，年龄并不应该成为追求爱情的障碍。当下的你，即便与你的现任分手，也不会改变你仍然值得被爱、仍然可以获得美好的恋情与家庭这一事实。大约是因为我一直关注于青少年成长，所以才在不自觉间将你的事例作为案例，来反驳那种过时且错误的青春期成长教育。

里面有一些对事例“评判”的成分，还恳请你的原谅。无论如何，这都是失礼的。

愿你的不幸，已在前半生结束，接下来的人生，诸事顺遂，从此幸福。

## 图书在版编目（CIP）数据

掌控情绪，遇见更好的自己 / 草履虫著. — 宁波 ：宁波出版社，2019.7（2023.1重印）

ISBN 978-7-5526-3533-1

Ⅰ. ①掌… Ⅱ. ①草… Ⅲ. ①情绪－自我控制－通俗读物 Ⅳ. ①B842.6-49

中国版本图书馆CIP数据核字(2019)第081042号

## 掌控情绪，遇见更好的自己

著　　者　草履虫
出版发行　宁波出版社
地址邮编　宁波市甬江大道1号宁波书城8号楼6楼　315040
网　　址　http://www.nbcbs.com
出版策划　苏　辛　孙小天　午　歌
责任编辑　汪　婷
执行编辑　张　溟
责任校对　叶呈圆　李　强
装帧设计　仙境设计
印　　刷　三河市嵩川印刷有限公司
开　　本　880mm×1230mm　1/32
印　　张　6.5
字　　数　140千字
版　　次　2019年7月第1版
印　　次　2023年1月第2次印刷
标准书号　ISBN 978-7-5526-3533-1
定　　价　42.00元